特高压换流站典型事故预想与处理

国网内蒙古东部电力有限公司内蒙古超特高压分公司　编

中国电力出版社
CHINA ELECTRIC POWER PRESS

内 容 提 要

为加强特高压换流站设备维护管理，提高现场运维人员对事故的反应能力，并结合特高压换流站的特点和生产实际，国网内蒙古东部电力有限公司超特高压分公司特组织编写《特高压换流站典型事故预想与处理》。

本书共七章，主要内容包括换流站设备及系统、线路类典型事故预想与处理、变压器类典型事故预想与处理、开关类典型事故预想与处理、开关类典型事故预想与处理、直流系统典型事故预想与处理、控制保护系统典型事故预想与处理、综合性事故预想与处理等。

本书可供从事特高压换流站运维、检修和管理人员等使用。

图书在版编目（CIP）数据

特高压换流站典型事故预想与处理/国网内蒙古东部电力有限公司内蒙古超特高压分公司编. --北京：中国电力出版社，2024. 9. --ISBN 978-7-5198-8979-1

Ⅰ．TM63

中国国家版本馆 CIP 数据核字第 2024HD0831 号

出版发行：中国电力出版社

地　　址：北京市东城区北京站西街 19 号（邮政编码 100005）

网　　址：http://www.cepp.sgcc.com.cn

责任编辑：赵　杨（010-63412287）

责任校对：黄　蓓　于　维

装帧设计：赵丽媛

责任印制：石　雷

印　　刷：三河市百盛印装有限公司

版　　次：2024 年 9 月第一版

印　　次：2024 年 9 月北京第一次印刷

开　　本：710 毫米×1000 毫米　16 开本

印　　张：11.5

字　　数：192 千字

定　　价：48.00 元

《特高压换流站典型事故预想与处理》
┤ 编 委 会 ├

特高压直流换流站作为电力系统的核心枢纽，其稳定运行直接关系到跨区直流输电系统的安全与效率。为了确保这一关键设施的可靠运行，加强设备维护管理，提高现场运维作业水平，国网内蒙古东部电力有限公司内蒙古超特高压分公司（简称国网蒙东超特公司）按照《国家电网公司直流换流站运行规程编制导则》要求，依据现场设备技术资料、有关设备行业标准及与运行维护密切相关的《国家电网公司电力安全工作规程（变电部分）》《国家电网调度控制管理规程》《国调中心调控运行规定》《国调直调系统继电保护运行规定》和国网蒙东超特公司有关生产运行管理的相关规程规定，并结合特高压换流站的特点和生产实际，组织编制了本书。

本书总结了特高压换流站日常运行过程中可能出现的典型事故情况，其内容涵盖了换流站设备可能出现的典型故障、处置方法、处置流程及人员分工等内容，以指导运维人员在应对突发状况、设备故障时提高应急反应能力。

本书共七章，主要内容包括换流站设备及系统、线路类典型事故预想与处理、变压器类典型事故预想与处理、开关类典型事故预想与处理、直流系统典型事故预想与处理、控制保护系统典型事故预想与处理、综合性事故预想与处理等。本书涵盖了换流站设备故障可能出现的部分典型状况，对于每种故障情况，不仅提供了详细的处置流程图，包括操作步骤、操作顺序、操作时间等细节问题，还提供了详细的分工方案，包括每个岗位的职责、技能要求、人员配置等。这些内容将有助于运维人员在应对设备故障时更加高效地协作，提高整体应急反应能力。

本书是基于特高压直流换流站的特点和现场设备运行情况编制的，旨在帮助运维人员提高应急反应能力和在应对突发状况时的应对能力。通过学习和掌握本书中所列各典型事故预想与事故处理的内容，运维人员可以更好地应对设备故障情况，保障直流输电系统的安全稳定运行。

编　者

2024 年 5 月

前言

第一章　换流站设备及系统

第一节　换流站基本概述

特高压换流站是电力系统中的重要设施，其主要功能是实现特高压直流输电系统与交流输电系统之间的能量转换和电压平衡。

特高压换流站的主要组成部分如下：

（1）换流器：换流器是特高压换流站的核心设备，换流器由换流阀和换流变压器组成。负责将特高压直流输电系统的电能换流为交流电能，或者将交流电能逆变为直流电能。

（2）变压器：变压器用于升高或降低电压，以适应不同电压等级之间的匹配。特高压换流站中的变压器承担着调整电压的重要任务，确保电能在不同电压等级之间的平稳转换和传输。

（3）交直流断路器：交直流断路器用于根据电力系统运行需要，将一部分电力设备或线路投入或退出运行，此外，在电力设备或线路发生故障时，通过继电保护装置作用于断路器，将故障部分从电力系统中迅速切除，保证电力系统无故障部分的正常运行。

（4）交直流控制与保护系统：特高压换流站配备先进的控制与保护系统，控制保护设备作为换流站的核心设备，为换流站一次设备提供监视、测量、控制和保护等功能，为换流站安全稳定运行提供有力保证。

（5）换流阀冷却系统：换流阀冷却系统是特高压换流站的核心设备之一，用于正常运行时，带走换流阀大电流产生的高热量，防止换流阀中可控硅温度急剧上升，对换流阀中可控硅进行有效冷却。

（6）站用电系统：特高压换流站的站用电源系统包括站用电交流系统和站用电直流系统。站用电交流系统为换流阀等的冷却系统，以及换流站的控制和调节系统等重要负荷提供可靠电源。站用电直流系统为阀控系统、直流保护、阀基电子设备及阀监视系统等提供电源。

（7）辅助系统：除了主要的核心设备外，特高压换流站还包括辅助设施，如智能巡视系统、一体化在线监测系统、消防系统、通信系统和给排水系统等。这些设施为核心设备提供支持，确保特高压换流站的可靠运行和及时维护。

本书以某±800kV换流站为例，分别对换流站基本概况，主要一、二次设备基本原理、常见设备事故及处理流程进行介绍。

第二节　电气主接线图及调度关系

一、换流站接线情况

该换流站每极由两组12脉动换流器串联而成，采用6in电触发晶闸管技术。换流阀为悬吊式双重阀塔结构，每个阀厅内悬吊6个双重阀塔，全站共有4个阀厅。

换流变压器为强迫油循环风冷、有载调压单相双绕组型式，全站有换流变压器共（24+4）台，每极12台，单台容量509.3MVA，高端Y，y、Y，d及低端Y，y、y，d换流变压器各有1台备用相。

平波电抗器采用干式结构，全站有平波电抗器共（12+1）台，每极极母线和中性母线各有3台平波电抗器，单台容量50mH，共用1台备用。

直流场采用双极接线，并按每12脉动换流器装设旁路断路器及隔离开关回路。每极安装两组双调谐（HP12/24、HP6/30）直流滤波器，共用1组隔离开关。中性母线区域配置中性母线开关（neutral bus switch，NBS）、金属回线转换开关（metallic return transfer breaker，MRTB）、中性母线大地开关（neutral bus ground switch，NBGS）和大地回线转换开关（ground return transfer switch，GRTS）直流开关。

交流滤波器分为4个大组18个小组，其中4组BP11/BP13滤波器，每组容量分别为265Mvar；4组HP24/36滤波器，每组容量为265Mvar；3组HP3滤波器，每组容量为265Mvar；7组SC并联电容器，每组容量为380Mvar。大组设置独立的滤波器母线，小组可单独投退。

交流场气体绝缘封闭式组合电器设备（gas insulated metal enclosed switchgear and controlgear，GIS），设备采用 3/2 接线方式，共 11 串（10 个完整串、1 个不完整串），其中 3 回 750kV/500kV 主变压器进线，8 回电源进线（500kV 交流进线Ⅶ线、Ⅷ线已接入，剩余待接入），4 回换流变压器出线，4 回大组滤波器出线。本期 750kV 交流场 GIS 采用 3/2 接线方式，共 3 个完整串，3 回交流线路均已接入，3 回出线接至 750kV/500kV 主变压器。

66kV 低压并联电抗器共 6 组，每组容量为 120Mvar，共 720Mvar；66kV 低压并联电容器共 6 组，每组容量为 120Mvar，共 720Mvar。

站用电系统采用两回站内 66kV 和一回站外 110kV 电源供电，通过 2 台 66kV/10kV 站用变压器和 1 台 110kV/10kV 站用变压器给站内三回 10kV 母线供电，再通过 12 台 10kV/0.4kV 站用变压器给双极高低端阀组、站公用 1 号和站公用 2 号 400V 母线供电。

二、调度关系

该换流站具备的调度关系如下：国家电网有限公司电力调度通信中心（简称国调）、国家电力调度通信中心西北电力调控分中心（简称西北网调）、鄂尔多斯电业局电力调度中心（简称鄂尔多斯地调）、特高压换流站值班负责人（简称值长）。各级调度在运行指挥时是上下级关系，进行调度业务联系时必须服从调度纪律，严格执行下令、复诵、录音、记录和汇报制度。

1. 国调调度管辖一次设备

（1）±800kV 直流输电系统主接线图见图 1-1。

（2）站内 500kV 交流场、500kV 交流滤波器场主接线图分别见图 1-2、图 1-3（除 501367、502167、503367、508367、509167 接地开关）。

（3）国调许可设备为直流侧 SCS-500E 稳定控制装置 1、2，750kV 交流进线Ⅰ线、750kV 交流进线Ⅱ线、750kV 交流进线Ⅲ线，750kV 1～3 号主变压器（西北网调下令）。

2. 西北网调调度管辖一次设备

（1）站内 750kV 交流场主接线见图 1-4。

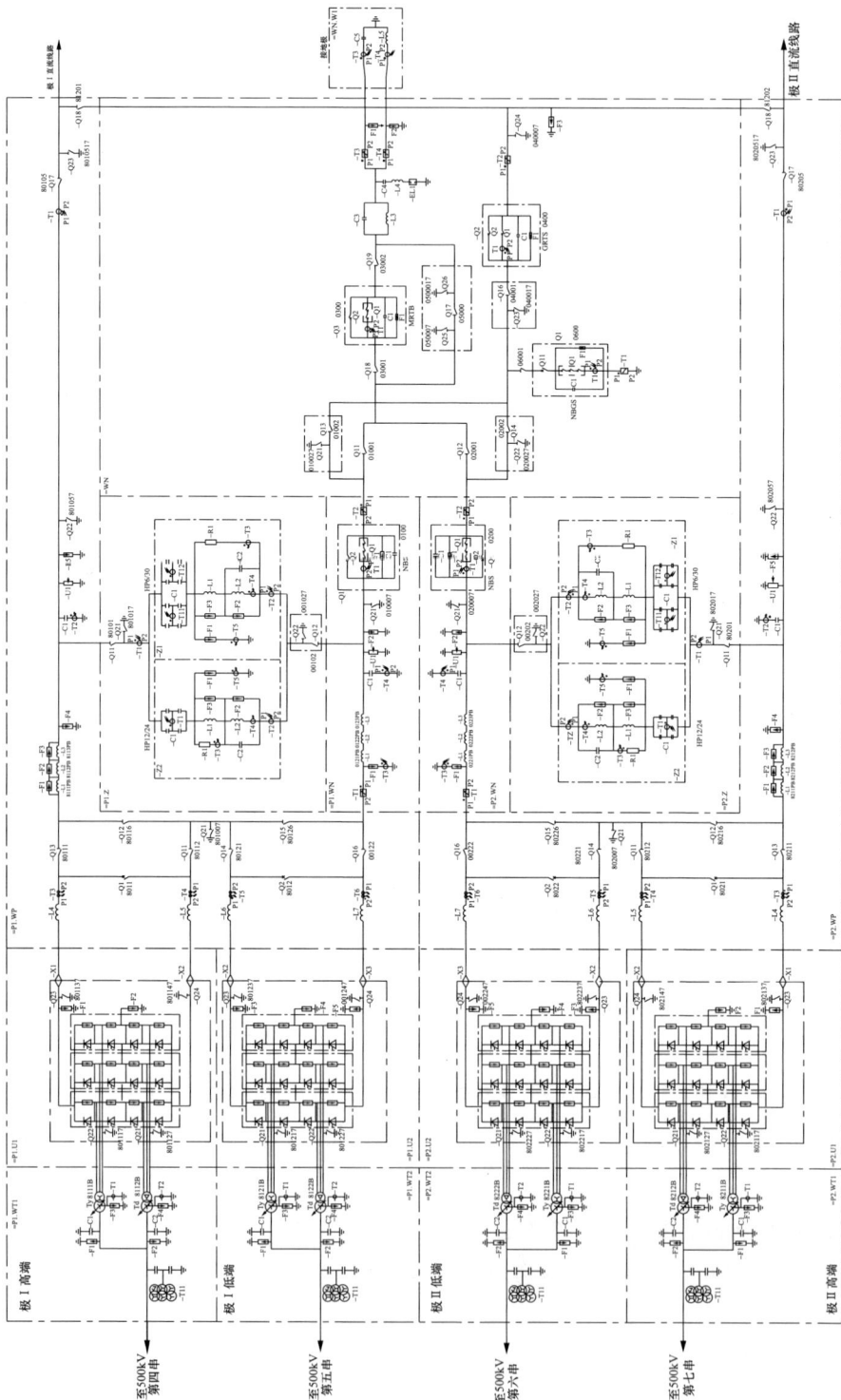

图 1-1 ±800kV 直流输电系统主接线图

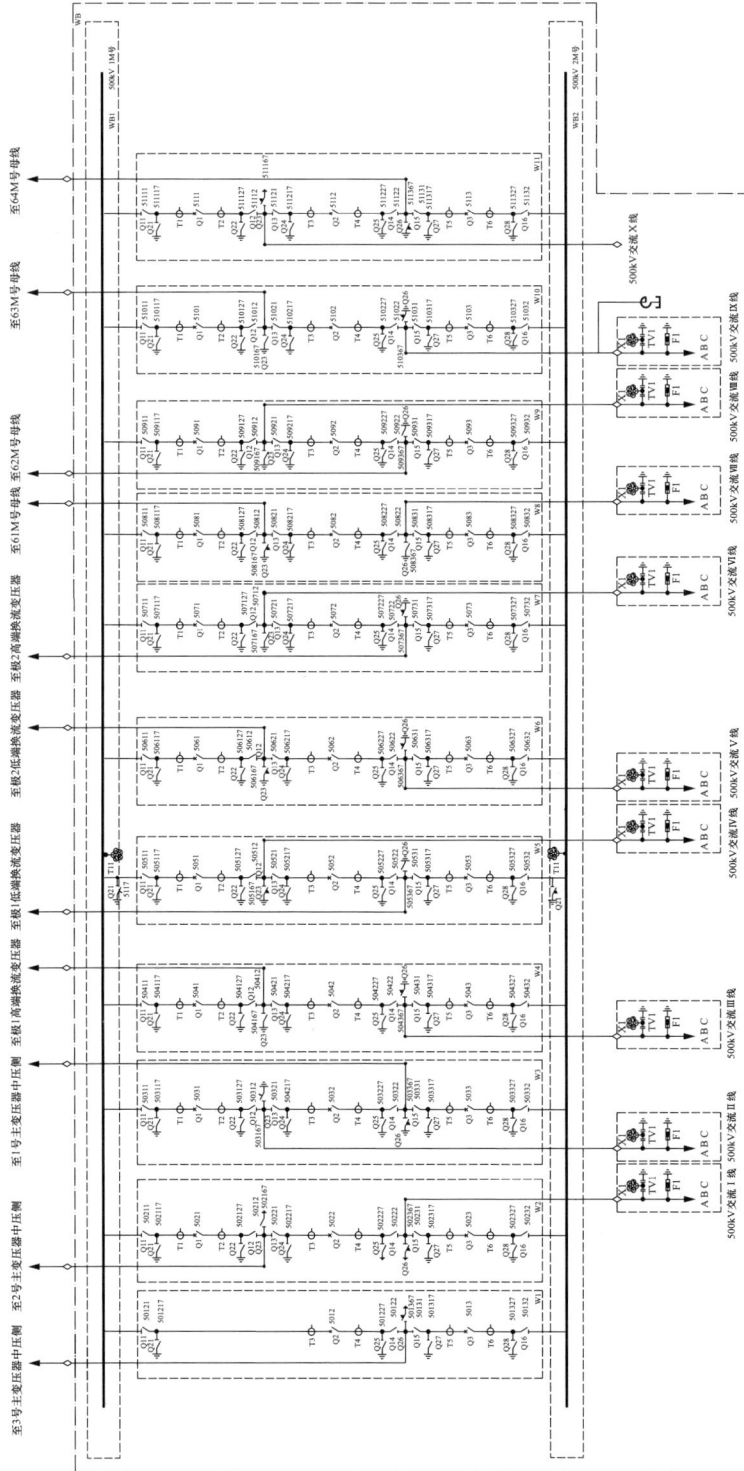

图 1-2 500kV 交流场主接线图

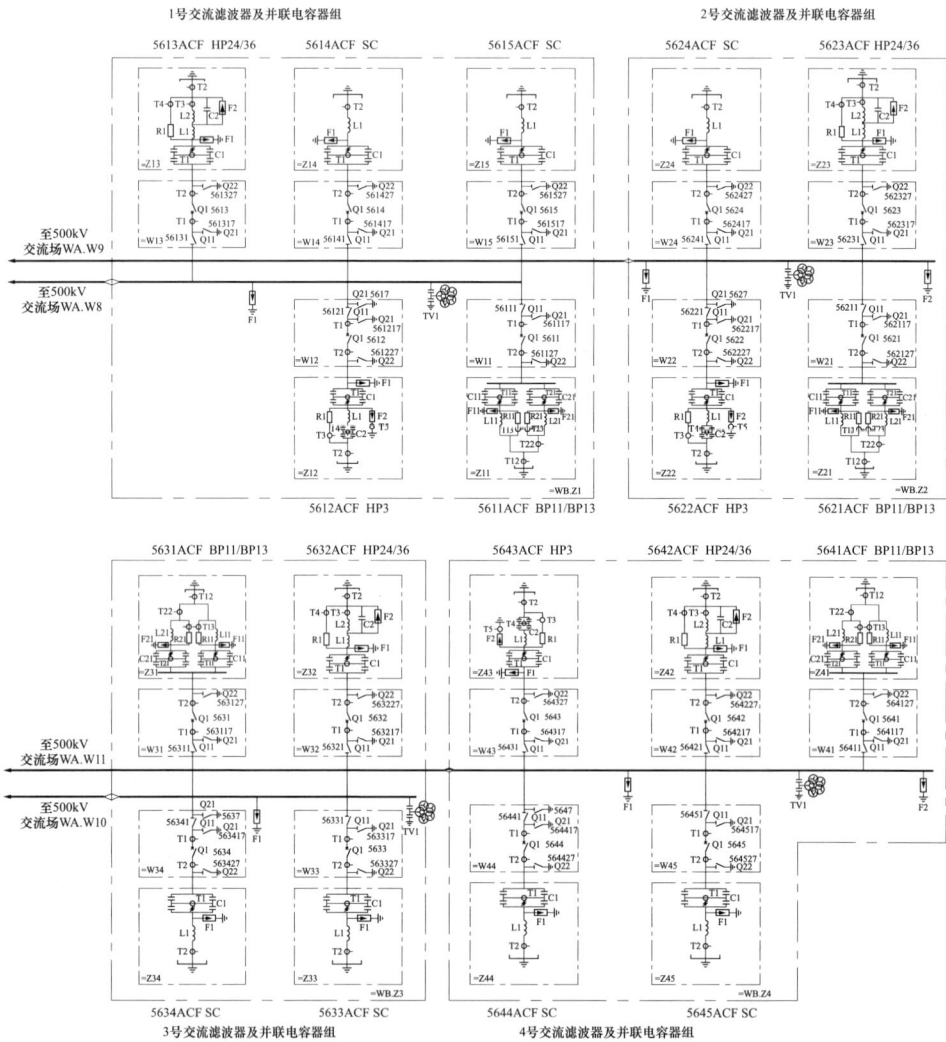

图 1-3 500kV 交流滤波器场主接线图

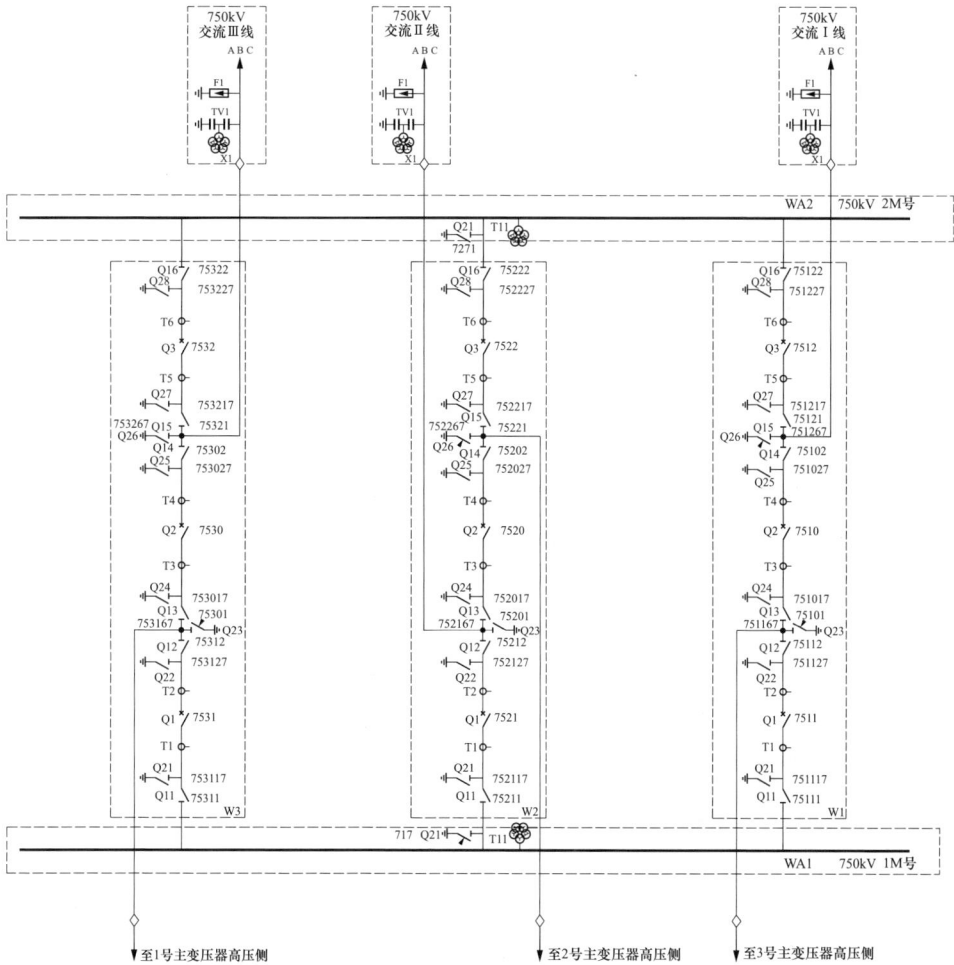

图 1-4　750kV 交流场主接线图

（2）750kV1、2、3 号主变压器，500kV 侧 501367、502167、503367、508367、509167 接地开关。站内除 1、2 号站用变压器外的所有 66kV 一次设备，包括站用变压器进线 6651、6652 开关。

（3）750kV 交流进线 I 线、750kV 交流进线 II 线、750kV 交流进线 III 线、500kV 交流进线 VII 线、500kV 交流进线 VIII 线。

（4）直流侧 SCS-500E 稳定控制装置 1、2，交流侧 SCS-500 稳定控制装置 1、2。

（5）西北网调直调的直流侧 SCS-500E 稳定控制装置 1、2，750kV 交流进线 I 线、750kV 交流进线 II 线、750kV 交流进线 III 线，750kV 1、2、3 号主变压器。

3. 鄂尔多斯地调调度管辖一次设备

站用电Ⅲ回进线电源、线路隔离开关 11001（地调编号为 1516）及线路接地开关(地调编号 151617 隔离开关为分界点)110067 为鄂尔多斯地调调度管辖设备。

4. 换流站管辖一次设备

66kV 1 号站用变压器、2 号站用变压器，1100、110027、110017、1107 接地开关，110kV 站用变压器，10kV 断路器设备及站用变压器，400V 断路器设备及站内 110V 低压设备。

5. 调度管辖范围分界点

（1）站内国调与西北网调管辖范围分界点为 50122、50131、50212、50221、50322、50331、50822、50831、50912、50921 隔离开关，其中 50122、50131、50212、50221、50322、50331、50822、50831、50912、50921 隔离开关为国调管辖设备。

（2）西北网调与换流站的调度管辖范围分界点为 6651、6652 开关，分界点设备归西北网调管辖设备。

（3）鄂尔多斯地调与换流站调度管辖范围分界点为 11001 隔离开关，分界点设备为鄂尔多斯地调管辖设备。

三、正常运行方式

1. 直流系统

（1）双极典型方式一运行，输送功率 4000MW，该站为主控站。

（2）极Ⅰ控制保护 A 套（pole one pole control and protection A，P1PCPA）、极Ⅰ高端阀组控制保护（pole one converter C&P A，CCP11A）、极Ⅰ低端阀组控制保护（pole one converter C&P A，CCP12A）、极Ⅱ控制保护 A 套（pole two pole control and protection A，P2PCPA）、极Ⅱ高端阀组控制保护（pole two converter C&P A，CCP21A）、极Ⅱ低端阀组控制保护（pole two converter C&P A，CCP22A）主用，极Ⅱ为控制极。

（3）安全稳定控制装置正常投入运行。

2. 交流系统

（1）500kV 交流进线Ⅰ线、Ⅱ线、Ⅲ线、Ⅳ线、Ⅴ线、Ⅵ线未投运（相关线路的短引线保护均正常投入）；500kV 交流进线Ⅶ线、Ⅷ线运行，500kV 1 号母线、2 号母线运行，500kV 交流场所有断路器运行。

（2）第一、二、三、四大组滤波器母线运行，5611、5613、5621、5622、

5623、5643 交流滤波器运行。

（3）750kV 1 号母线、2 号母线运行，750kV 交流进线 I 线、750kV 交流进线 Ⅱ线、750kV 交流进线Ⅲ线，750kV 所有开关运行正常，1、2、3 号主变压器运行正常，66kV 电容器在冷备用状态，66kV 电抗器在热备状态正常。

（4）110kV 站用变压器、66kV 1 号站用变压器、2 号站用变压器运行，10kV 0 号母线、1 号母线、2 号母线运行。

3. 站用低压直流系统

特高压直流换流站的站用直流系统应尽量按极（阀组）设置，双极系统的每一极（阀组）设置一套直流系统，每一套均应包含两组直流蓄电池和三台充电装置，直流母线为单母线分段，两组直流蓄电池及其中的两台充电装置各接一段母线，另一台充电装置跨接在两段母线之上，作为两段母线的备用，每极（阀组）的直流负荷分别接在两段母线上，每组直流蓄电池的容量按单极（阀组）的全部负荷设计，两组直流蓄电池互为备用，为了向双极系统的公用直流负荷供电，设置一套站公用设备直流系统。站用直流系统主要是为阀控系统、直流保护、阀基电子设备及阀监视系统等提供电源。

本文以某特高压换流站为例，该站站用低压直流系统由站公用站用低压直流系统、极 I 高端阀组站用低压直流系统、极 I 低端阀组站用低压直流系统、极 Ⅱ 高端阀组站用低压直流系统、极 Ⅱ 低端阀组站用低压直流系统、500kV 交流场站用低压直流系统、750kV 交流场站用低压直流系统、交流滤波器场站用低压直流系统组成。

第三节　主要一次设备

一、换流变压器及主变压器

该换流站共有 28 台换流变压器，每极有 12 台，备用 4 台，每台容量为 509.3MVA，网侧调压，冷却方式为强迫油循环风冷，其中低端 12 台运行相换流变压器及 2 台备用相均为保定天威保变电气股份有限公司（简称保变）生产；高端 12 台运行相换流变压器由西安西电变压器有限责任公司（简称西变）提供 9 台，瑞典 ABB 公司提供 1 台，重庆 ABB 公司提供 2 台；2 台备用相换流变压器分别由西变（800kV）、瑞典 ABB 公司（600kV）提供。换流变压器厂家与现场对应表如表 1-1 所示。

表 1-1　换流变压器厂家与现场对应表（500kV GIS 侧）

安装位置	极Ⅱ高 YY-C 相	极Ⅱ高 YY-B 相	极Ⅱ高 YY-A 相	极Ⅱ高 YD-C 相	极Ⅱ高 YD-B 相	极Ⅱ高 YD-A 相
厂家	西变	西变	瑞典 ABB	西变	西变	重庆 ABB
安装位置	极Ⅱ低 YY-A 相	极Ⅱ低 YY-B 相	极Ⅱ低 YY-C 相	极Ⅱ低 YD-A 相	极Ⅱ低 YD-B 相	极Ⅱ低 YD-C 相
厂家	保变	保变	保变	保变	保变	保变
安装位置	极Ⅰ低 YY-A 相	极Ⅰ低 YY-B 相	极Ⅰ低 YY-C 相	极Ⅰ低 YD-A 相	极Ⅰ低 YD-B 相	极Ⅰ低 YD-C 相
厂家	保变	保变	保变	保变	保变	保变
安装位置	极Ⅰ高 YY-A 相	极Ⅰ高 YY-B 相	极Ⅰ高 YY-C 相	极Ⅰ高 YD-A 相	极Ⅰ高 YD-B 相	极Ⅰ高 YD-C 相
厂家	西变	西变	重庆 ABB	西变	西变	西变

　　该换流站共有 9 台 750kV 主变压器，分别为单相三绕组自耦式中性点调压变压器。主变压器分为主体变压器和调压补偿变压器两部分，设置有载分接开关。主体变压器采用强迫油循环结构，调压补偿变压器采用油浸自冷结构，全部由衡阳变压器厂生产。当调压补偿变压器出现故障时，可以退出调压补偿变压器，使本体变压器不带调压线圈运行及退出 66kV 低压无功补偿装置。对 500kV 侧进行调压，采用了中性点变磁通调压方式。采用此调压方式时，低压侧电压将随分接位置变化发生较大波动，因此设置了补偿变压器，通过与调压绕组并联的补偿励磁绕组给补偿绕组激磁，并将补偿绕组串入低压绕组，可以达到限制低压电压的波动目的。主变压器出线套管位置如图 1-5 所示。

　　由套管出线可知：主体变压器有 5 只套管，其中 A 为 750kV 高压套管，Am 为 500kV 中压套管，A01 为高压侧中性点套管，a1 为 66kV 低压套管，x1 为低压侧中性点套管；调补变压器有 6 只套管，其中 A0、A02、A03 为中心点套管；a、x、x2 为 66kV 低压套管。

　　由图 1-6 可知：以主变压器 A 相为例，A 为 750kV 进线侧，Am 为 500kV 侧出线侧，A0 为 66kV 汇流母线中性点出线，a 为 66kV 汇流母线 A 相出线，

X 为 66kV 汇流母线 C 相出线（Y 接 A 相）。

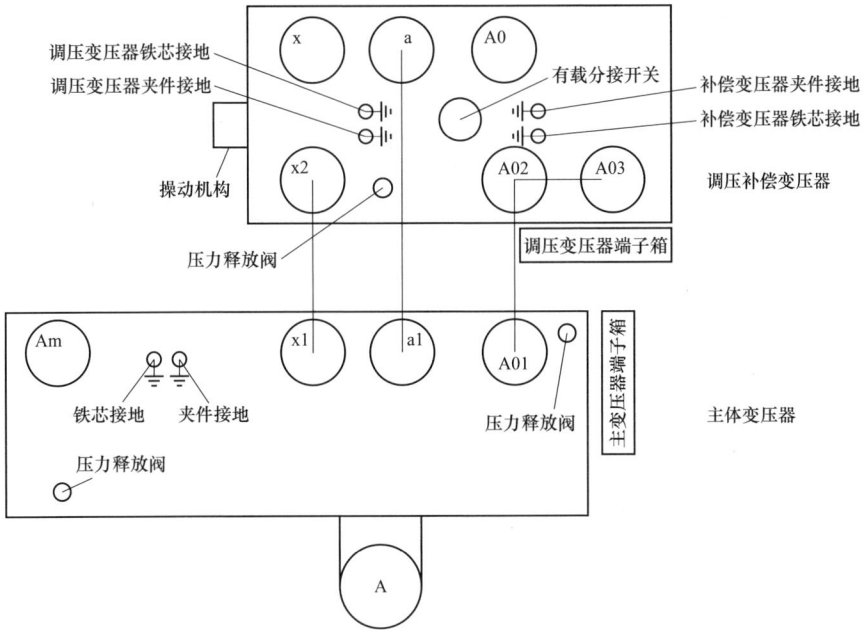

图 1-5　750kV 主变压器套管出线示意图

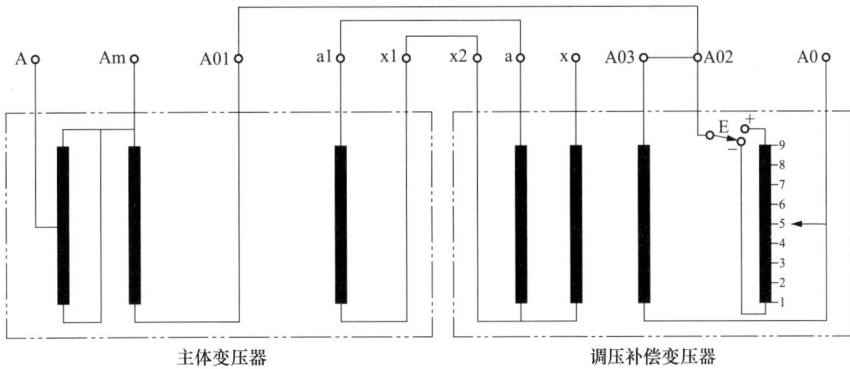

图 1-6　750kV 主变压器电气接线示意图

二、开关

该换流站 750、500kV 气体绝缘金属封闭式开关设备（GIS）包含断路器、隔离开关、接地开关、外装式电流互感器、电压互感器、母线、出线套管、伸缩节、支架及汇控柜等主要部件，具体见表 1-2。

表 1-2　750、500kV 气体绝缘封闭式组合电器设备数量安装位置

	项目	安装位置	数量
750kV 部分	断路器	GIS 室外	9 组
	隔离开关	GIS 室外	18 组
	检修接地开关（不含快速接地开关）	GIS 室外	23 组
	线路接地开关（快速接地开关）	GIS 室外	3 组
	电流互感器	GIS 室外	18 组
	母线电压互感器（电磁式）	GIS 室外	2 台（均为 A 相）
	交流进出线套管	GIS 室外	6 组
	密度继电器	GIS 室外	169 支
500kV 部分	断路器	GIS 室内	32 组
	隔离开关	GIS 室内	64 组
	检修接地开关（不含快速接地开关）	GIS 室内	77 组
	线路接地开关（快速接地开关）	GIS 室内	10 组
	电流互感器	GIS 室内	64 组
	母线电压互感器（电磁式）	GIS 室内	2 台（均为 A 相）
	交流出线套管	GIS 室外	21 组
	密度继电器	GIS 室内、室外	497 支

500kV GIS 设备由 10 串完整串、1 个不完整串组成，共 32 个断路器单元，每个断路器单元配置 1 个 LCP 控制柜。750kV GIS 由 3 串完整串，共 9 个断路器单元，每个断路器单元配置 1 个 LCP 控制柜。750kV GIS LCP 控制柜放置在集装箱内。

三、换流阀

该换流站每极各配置一套高、低端换流器，其中极 I 采用中电普瑞电力工程有限公司（简称中电普瑞）提供的 A5000 型换流阀，极 II 采用南京南瑞继保工程技术有限公司（简称南瑞继保）提供的 PCS-8600 型换流阀。正常情况下，极内两套换流器串联运行，当一套换流器故障时，允许其在线退出，待故障消除后，允许其在线投入。故障换流器的在线投退不影响另一套换流器的运行。

晶闸管换流阀为悬吊式双重阀塔结构，每个阀厅内悬吊 6 个双重阀塔。每个双重阀塔用悬吊式绝缘子吊在钢梁上，空气绝缘，用去离子水循环冷却。阀厅空调控制阀厅内的温度和湿度，并保持阀厅内微正压和空气洁净。

中电普瑞的技术路线：换流阀的每个双重阀由 2 个单阀串联组成，1 个完整的单阀由 2 个阀层串联而成，每个阀层包括 4 个阀组件；每个阀组件由 9 个串联的晶闸管元件压装而成，串联 2 个饱和电抗器，电抗器单元在组件端部。

南瑞继保的技术路线：换流阀的每个双重阀由 2 个单阀串联组成，1 个完整的单阀由 3 个阀层串联而成，每个阀层包括 4 个阀组件；每个阀组件由 6 个串联的晶闸管元件压装而成，串联 1 个饱和电抗器，电抗器单元在组件端部。

四、换流阀水冷系统

该换流站每极高、低端换流阀各配置 1 套独立的水冷系统，全站共 4 套。该系统分为内水冷循环系统和外水冷循环系统，2 套系统共用 1 套控制单元处理器，安装于控制柜内。

内水冷循环系统采用氮气密封技术来实现冷却系统的稳压，再通过去离子水对换流阀进行冷却。内水冷系统主要由主循环回路、去离子回路、补水回路和氮气稳压回路等组成，主要包括主循环泵、软启动器、加热器、机械过滤器、精密过滤器、离子交换罐、补水罐、补水泵、原水泵等设备。

主水循环回路通过主泵强迫内冷水循环实现对换流阀的冷却；去离子回路通过去离子罐降低内冷水的电导率实现对内冷水的净化；补水回路通过原水泵、补水泵补充内水冷因泄漏或检修造成的损耗；氮气稳压系统通过膨胀水箱和氮气瓶实现内水冷系统的压力稳定。

外冷系统采用空气冷却器和闭式冷却塔组成的复合冷却系统。外水冷循环系统通过外冷风机和冷却塔对内水冷进行冷却，进阀最高运行温度（极 I 47℃，极Ⅱ43℃）减 5℃作为空气冷却器与水冷塔的设计临界温度。运行情况为：当低于该温度时，只使用空气冷却器作为室外换热设备（单空冷运行方式），冷却水经过空气冷却器冷却后，经过不工作的闭式冷却塔换热盘管进入换流阀，冷却塔设置旁通管，以便检修冷却塔时冷却循环仍可正常运行；当等于或高于该温度，或空气冷却器出水温度不满足进阀温度要求时，闭式冷却塔自动投入运行（空冷+闭式冷却塔运行方式），内冷循环水经过空气冷却器冷却后，经过闭式冷却塔进一步降温后再送至换流阀。外冷系统主要由碳滤单元、软化单元、加药单元、砂滤单元、喷淋泵、排污单元、缓冲水池、加热器、空冷器、防冻棚、冷却塔共 11 个部分组成。外冷水经软化单元处理后，进入缓冲水池。缓冲水池安装有一套砂滤系统，对缓冲水池内的外冷水进行 24h 过滤。

阀冷却系统的运行、控制、保护和监视由西门子 S7-400 系列 PLC 控制单元处理器完成，其监测功能是通过流量、压力、温度、水位和电导率等传感器来实现的。

第四节 主要二次设备

一、控制系统

该换流站控制系统从功能上可分为交流站控系统和直流控制系统，两个控制系统共同完成所有交直流设备的控制和监视，均采用双重化配置。控制系统又可从硬件上分为设备控制系统和运行人员控制系统，两者间的通信通过系统控制及数据采集（system control and data acquisition，SCADA）LAN 网完成。

（1）设备控制系统用于完成设备的控制功能，交流站控系统和直流控制系统均由基于南瑞继保交直流统一的 UAPC 平台开发的 PCS-9700 直流控制保护系统控制主机来实现。设备控制系统是一种分层、分散、分布的开放式系统，采用完全双重化设计（分为 A、B 两系统），由主机、分布式 I/O、标准现场总线及标准 LAN 网接口组成。

（2）设备控制系统采集设备的各种数据来控制设备的运行，并将采集的数据传送到运行人员控制系统，同时，设备控制系统接收运行人员控制系统发出的控制指令，并经过计算分析，对设备进行控制。

（3）极控制设备位于控制楼三楼，两极设备配置完全相同，主要对极区与双极区相应设备进行监视和控制。极控制保护主机（pole control and protection，PCP）功能包括系统切换与监视（switchover logic，SOL）、调制控制（MOD）、过负荷限制（overload limitation，OLL）、极层与双极层功率控制（pole power control，PPC）、极层与双极层模式顺控（mode sequences，MSQ）、极层与双极层开关顺序和联锁控制（switching sequences，SSQ）、电压和角度参考值计算（voltage and angle reference calculation，VARC）、极层与双极层分接头控制（control of the tap-changers，TCC）、开路试验（open line test，OLT）、无功功率控制（reactive power control，RPC）、系统监视（system supervision，SUP）、暂态故障录波（transient fault recorder，TFR）等。

（4）阀组控制设备位于控制楼、辅控楼相应阀组控制室内，四个阀组设备配置完全相同，主要对相应阀组设备进行监视和控制。阀组控制主机（converter C&P，CCP）功能包括阀误触发保护（valve misfire protection，VMP）、系统切换与监视（switchover logic，SOL）、换流器触发控制（converter firing control，CFC）、阀组层模式顺控（mode sequences，MSQ）、换流器准备顺序控制（ready for sequences，RSQ）、换流器层开关顺序控制（switch sequences，SSQ）、换流器层分接头控制（control of the tap-changers，TCC）、系统监视（system supervision，SUP）、暂态故障录波（transient fault recorder，TFR）、电压应力保护（voltage stress protection，VSP）等。

（5）500kV GIS 交流场控制设备位于 500kV 1 号、500kV 2 号继电器室内，11 串交流场控制设备配置完全相同，交流场控制主机（AC control，ACC）功能为监视和控制区域内开关、隔离开关及接地开关等设备。其中 500kV GIS 第 1～5 串在 500kV 1 号继电器小室；第 6～11 串在 500kV 2 号继电器小室。

（6）交流滤波器控制设备位于 500kV 3 号继电器室内，交流滤波器控制主机（AFC）功能为监视和控制区域内开关、隔离开关及接地开关等设备。

（7）站内 750kV GIS、750kV 联络变压器、110kV 站用变压器、66kV 低压并联电抗器、66kV 低压并联电容器及 1 号/2 号 66kV 站用变压器控制设备位于 750kV 1 号继电器室内，控制主机（750kV AC control，ACC71）功能为控制监视 750kV GIS 开关、隔离开关等设备；控制主机功能为监视和控制 750kV 联络变压器及 66kV 区域内开关、隔离开关、接地开关等设备。

（8）站用电控制设备位于 750kV 1 号继电器室内，站用电控制主机功能为监视和控制该区域内开关、隔离开关及接地开关，以及对 10kV、400V 系统备自投和 110kV、66kV 站用变压器进行控制。

（9）设备控制系统信号的传输采用光纤以太网、IEC 60044-8 总线、HTM 总线及 CAN 总线，通信介质采用光纤和 10 芯线。光纤以太网是百兆高速光纤以太网，用于状态量及控制命令等数字信号的传输；IEC 60044-8 总线是一种单向、点对点传输总线，用于电压和电流等模拟信号传输；HTM 总线是一种高速数据交换背板总线，用于主机机箱内处理器板间的数据传输；CAN 总线是一种双向传输总线，用于 I/O 机箱之间，以及 I/O 机箱内板卡之间的数字信号的传输。

（10）设备控制系统具有完备的自检功能，自检内容包括主机监测、I/O 监测、通信监测、总线监测等。

二、直流保护

该换流站直流系统保护主要由阀组保护、极保护、双极保护、换流变压器引线和换流变压器保护、交流滤波器及其母线保护组成。保护系统配置如表 1-3 所示。

表 1-3　保护系统配置表

序号	保护盘柜	装置名称	主要保护功能	功能
1	主控楼三楼 极 I 低端阀组控制 保护设备室 极 I 保护主机屏	PPR1A	极 I 极保护 A 系统	保护极 I 直流场、双极区直流场设备
		PPR1B	极 I 极保护 B 系统	
		PPR1C	极 I 极保护 C 系统	
2	主控楼三楼 极 II 低端阀组控制 保护设备室极 II 保护主机屏	PPR2A	极 II 极保护 A 系统	保护极 II 直流场、双极区直流场设备
		PPR2B	极 II 极保护 B 系统	
		PPR2C	极 II 极保护 C 系统	
3	极 I 辅控楼高端阀组 辅助及控制保护设备室 极 I 高端阀组保护 主机屏	CPR11A	极 I 高端阀组保护 A 系统	保护极 I 高端换流器区域设备
		CPR11B	极 I 高端阀组保护 B 系统	
		CPR11C	极 I 高端阀组保护 C 系统	
4	主控楼三楼 极 I 低端阀组控制 保护设备室 极 I 低端阀组保护 主机屏	CPR12A	极 I 低端阀组保护 A 系统	保护极 I 低端换流器区域设备
		CPR12B	极 I 低端阀组保护 B 系统	
		CPR12C	极 I 低端阀组保护 C 系统	

序号	保护盘柜	装置名称	主要保护功能	功能
5	极Ⅱ辅控楼高端阀组辅助及控制保护设备室 极Ⅱ高端阀组保护主机屏	CPR21A	极Ⅱ高端阀组保护 A 系统	保护极Ⅱ高端换流器区域设备
		CPR21B	极Ⅱ高端阀组保护 B 系统	
		CPR21C	极Ⅱ高端阀组保护 C 系统	
6	主控楼三楼 极Ⅱ低端阀组控制保护设备室 极Ⅱ低端阀组保护主机屏	CPR22A	极Ⅱ低端阀组保护 A 系统	保护极Ⅱ低端换流器区域设备
		CPR22B	极Ⅱ低端阀组保护 B 系统	
		CPR22C	极Ⅱ低端阀组保护 C 系统	
7	500kV3 号继电器室 第 1 大组交流滤波器保护屏	AFP1A	第 1 大组交流滤波器保护 A	保护第 1 大组交流滤波器及母线设备
		AFP1B	第 1 大组交流滤波器保护 B	
8	500kV3 号继电器室 第 2 大组交流滤波器保护屏	AFP2A	第 2 大组交流滤波器保护 A	保护第 2 大组交流滤波器及母线设备
		AFP2B	第 2 大组交流滤波器保护 B	
9	500kV3 号继电器室 第 3 大组交流滤波器保护屏	AFP3A	第 3 大组交流滤波器保护 A	保护第 3 大组交流滤波器及母线设备
		AFP3B	第 3 大组交流滤波器保护 B	
10	500kV3 号继电器室 第 4 大组交流滤波器保护屏	AFP4A	第 4 大组交流滤波器保护 A	保护第 4 大组交流滤波器及母线设备
		AFP4B	第 4 大组交流滤波器保护 B	

阀组保护、极保护、双极保护采用三重化配置，阀组保护、极保护单独组屏，双极保护功能在极保护主机屏中实现，均按照"三取二"动作逻辑出口，如果 3 个系统中的 1 套不可用，保护系统会自动转为"二取一"逻辑。正常情况下，3 个保护主机均在"运行"状态。

换流变压器电量保护集成在阀组保护主机中，采用三重化配置，换流变电量信号通过阀组测量接口屏（converter measuring interface，CMI）传入阀组保护主机，3 套阀组保护装置动作出口分别接入阀组控制主机和阀组"三取二"装置。由阀组"三取二"装置和阀组控制主机分别执行出口跳闸命令；同时，阀控主机执行闭锁命令。

换流变压器非电量保护跳闸信号，分别通过 3 套非电量装置信号接口屏传入阀组保护主机，由阀组保护主机的"三取二"逻辑判断出口。换流变非电量报警信号，通过阀组开关场接口（converter switchyard interface，CSI）传入阀组保护主机，发出事件报文。

三、交流保护

该换流站交流保护包括 750kV 母线保护、750kV 断路器保护、750kV 线路保护、500kV 母线保护、500kV 断路器保护、500kV 线路保护和短引线保护、750kV 联络变压器保护、交流滤波器保护、66kV 母线保护、66kV 低压并联电抗器保护、66kV 低压并联电容器保护，具体全站交流保护配置如表 1-4 所示。

表 1-4　交流保护配置表

项目	型　号	安装位置	数量
750kV 母线保护第一套保护装置	CSC-150C-G 母线保护	750kV 1 号继电器小室 750kV 母线第一套保护屏	2 套
750kV 母线保护第二套保护装置	PCS-915C-G 母差保护	750kV 1 号继电器小室 750kV 母线第二套保护屏	2 套
750kV 断路器保护	PCS-921A-G 断路器保护+CZX-22G 双跳圈操作箱	750kV 1 号继电器小室 750kV 断路器保护屏	9 套
750kV 线路保护第一套保护装置	CSC-103A-G 线路保护	750kV 1 号继电器小室 750kV 线路第一套保护屏	3 套
	CSC-125A-G 过电压远跳保护	750kV 1 号继电器小室 750kV 线路第一套保护屏	3 套
750kV 线路保护第二套保护装置	PCS-931A-G 线路保护	750kV 1 号继电器小室 750kV 线路第二套保护屏	3 套
	PCS-925A-G 过电压远跳保护	750kV 1 号继电器小室 750kV 线路第二套保护屏	3 套
500kV 母线保护第一套保护装置	CSC-150C-G 母线保护	500kV 2 号继电器小室 500kV 母线第一套保护屏	2 套
500kV 母线保护第二套保护装置	PCS-915C-G 母线保护	500kV 2 号继电器小室 500kV 母线第二套保护屏	2 套
500kV 断路器保护	PCS-921A-G 断路器保护+CZX-22G 双跳圈操作箱	500kV 1 号继电器小室（1～5 串） 500kV 2 号继电器小室（6～11 串）	32 套

续表

项目	型 号	安装位置	数量
500kV 线路保护第一套保护装置	CSC-103A-G 线路保护 CSC-125A-G 过压远跳保护	500kV 1 号继电器室（500kV 交流进线Ⅰ线、Ⅱ线、Ⅲ线、Ⅳ线）500kV 2 号继电器室（500kV 交流进线Ⅴ线、Ⅵ、Ⅶ线、Ⅷ线）第一套线路保护屏	10 套
500kV 线路保护第二套保护装置	PCS-931A-G 线路保护 PCS-925A-G 过电压远跳及就地判别装置	500kV 1 号继电器室（500kV 交流进线Ⅰ线、Ⅱ线、Ⅲ线、Ⅳ线）500kV 2 号继电器室（500kV 交流进线Ⅴ线、Ⅵ、Ⅶ线、Ⅷ线）第二套线路保护屏	10 套
500kV 短引线保护	CSC-123A-G 数字式短引线保护	500kV 继电器小室 1　500kV 短引线保护屏 1、2、3、4、5 500kV 继电器小室 2　500kV 短引线保护屏 6、7、10、11、12	24 套
750kV 主变压器主体变压器保护第一套保护装置	CSC-326T10-G 变压器保护装置	750kV 1 号继电器小室联络变压器保护屏 A	3 套
750kV 主变压器调压补偿变压器保护第一套保护装置	CSC-326T10C-G 变压器保护装置	750kV 1 号继电器小室联络变压器保护屏 B	3 套
750kV 主变压器主体变压器保护第二套保护装置	PCS-978T10-G 变压器成套保护装置	750kV 1 号继电器小室联络变压器保护屏 D	3 套
750kV 主变压器调压补偿变压器保护第二套保护装置	PCS-978T10C-G 变压器成套保护装置	750kV 1 号继电器小室联络变压器保护屏 E	3 套
750kV 主变压器主体变压器非电量保护	CSC-336C1B 数字式非电量保护装置	750kV 1 号继电器小室联络变压器保护屏 C	3 套
750kV 主变压器调压补偿变压器非电量保护	CSC-336C1B 数字式非电量保护装置	750kV 1 号继电器小室联络变压器保护屏 B	3 套

续表

项　目	型　号	安装位置	数量
交流滤波器保护	PCS-976A 交流滤波器保护	500kV 3 号继电器小室对应 4 大组滤波器保护屏	8 套
66kV 母线保护	CSC-150AL-G 母线保护	750kV 1 号继电器小室 66kV 母线母差保护屏	3 套
66kV 低压并联 电抗器保护	CSD-231A-G 电抗器保护装置	750kV 1 号继电器小室 母线并联电抗保护屏	6 套
66kV 低压并联 电容器保护	CSD-221B-G 电容器保护装置	750kV 1 号继电器小室 母线并联电容保护屏	6 套

（1）750kV 交流母线配置母差保护装置，母差保护装置按单母线、双重化原则配置，两套保护分开组屏。

（2）750kV 断路器保护按单断路器、单重化原则配置，各断路器保护单独组屏，每面屏包含有 1 台断路器保护装置、1 台双跳圈操作箱。

（3）三回 750kV 交流线路保护均双重化配置两套线路保护，包括分相电流差动保护和线路保护装置、过电压远跳及就地判别装置。两套保护分开组屏，每面屏内包含有 1 台线路保护装置、1 台过电压远跳及就地判别装置。

（4）500kV 交流母线配置母差保护装置，母差保护装置按单母线、双重化原则配置，两套保护分开组屏。

（5）500kV 断路器保护采用带常规重合闸功能的断路器保护装置，断路器保护按单断路器、单重化原则配置，各断路器保护单独组屏，每面屏包含有 1 台断路器保护装置、1 台双跳圈操作箱。

（6）本期 8 回 500kV 交流线路均双重化配置两套线路保护，包括线路保护装置、过电压远跳及就地判别装置，两套保护分开组屏。

（7）1 号、2 号、3 号 750kV 主变压器采用北京四方和南瑞继保的变压器保护装置。750kV 联络变压器保护包括主体变压器保护和调压补偿变压器保护。主体变压器电气量保护按双重化原则配置，采用主后一体，即主保护和后备保护由同一套保护装置实现。调压补偿变压器的电气量保护仅配置差动保护，由单独一个装置实现，按双重化原则配置。主体变压器和调压补偿变压器分别按相配置一套非电量保护。750kV 联络变压器保护共组 15 面柜。

（8）交流滤波器保护采用集中式交流滤波器成套保护装置，按大组、双重化配置，两套保护分开组屏，每面屏内含有 1 台交流滤波器保护装置、3 台常规采样合并单元，交流滤波器保护装置将大组滤波器母线保护和小组滤波器保护集成一体，共用出口，1 台合并单元用于交流滤波器母线保护，2 台合并单元用于小组滤波器保护的模拟量采集。

（9）66kV 交流场区域母线保护和低压并联电抗器保护、低压并联电容器保护分别采用母差保护和电抗器保护、电容器保护装置，按单重化配置。1 号主变压器低压侧、2 号主变压器低压侧和 3 号主变压器低压侧、66kV 分别配置 1 面电抗器保护屏和 1 面电容器保护屏，每面电抗器保护屏有电抗器保护装置 2 台，每面电容器保护屏有电容器保护装置 2 台。

第五节　站用电系统及事故处置原则

该换流站站用电系统为换流站一、二次设备提供动力和控制电源，主要包括站用电交流电源系统、110V 低压直流系统及交流不间断电源（uninterrupted power supply，UPS）系统。

一、站用电交流电源系统

站用电交流电源系统采用两回 66kV/10kV 站用变电源和一回外引 110kV 电源供电，66kV/10kV 站用变高压侧分别接至 66kV 1 号和 3 号母线，低压侧接至 10kV Ⅰ段母线和Ⅱ段母线；站外 110kV 电源取自 220kV 站外某变电站，架空线路长 43km，导线型号为 JL/G1A-150/25。

二、110V 低压直流系统

共配置 8 套 110V 低压直流系统，包括极Ⅰ高端阀组、极Ⅰ低端阀组、极Ⅱ高端阀组、极Ⅱ低端阀组、站极双极、750kV 交流场、500kV 交流场和 500kV 交流滤波器场。

三、交流不间断电源（UPS）系统

该换流站配置 5 套 UPS 电源系统，分别安装在站及双极控制保护设备室、极Ⅰ辅控楼、极Ⅱ辅控楼、500kV 1 号继电器小室和 750kV 1 号继电器小室。500kV 2 号和 500kV 3 号继电器小室分别配有 1 面 UPS 馈电分屏，两面 UPS 分屏的直流电源进线由 500kV 1 号继电器小室的直流系统提供。逆变电源系统由 2 台全容量主机并机冗余接线。

四、事故处置原则

（1）尽快限制事故扩大，消除人身及设备危险。

（2）尽力保证恢复站用电源。

（3）及时处理设备事故，尽快恢复设备送电。处理事故时，严防误操作。

（4）应对事故发生和主要操作的时间做记录，及时将情况报告有关领导和调度。

（5）事故发生时，应根据表计、保护、报警信号及自动装置动作情况进行分析判断，做出处理方案，处理中防止非同期并列和系统事故扩大。

第二章 线路类典型事故预想与处理

第一节 避雷器

避雷器是用于保护电气设备免受高瞬态过电压危害，并限制续流时间，也常限制续流赋值的一种电器。避雷器由非线性金属氧化物电阻片叠加组装，密封于高压绝缘瓷套内，无任何放电间隙。在正常运行电压下，避雷器呈高阻绝缘状态；当受到过电压冲击时，避雷器呈低阻状态，迅速泄放冲击电流入地，使与其并联的电气设备上的电压限制在规定值，以保证电气设备的安全运行。该避雷器设有压力释放装置，当其在超负载动作或发生意外损坏时，内部压力剧增，使其压力释放装置动作，排出气体。

某±800kV换流站采用交流无间隙金属氧化物避雷器（简称避雷器）。

案例 1

雷击导致避雷器击穿爆炸

1．预想事故情况

2020年7月7日17:00:00，某±800kV换流站750kV交流进线 I 线线路避雷器 A 相爆炸，导致750kV联络 I 线线路跳闸。

2．运行方式

2.1 直流系统

（1）双极典型方式一运行，输送功率4000MW，当前该站为主控站。

（2）极 I 控制保护 A 套（pole one pole control and protection A，P1PCPA）、极 I 高端阀组控制保护（pole one converter C&P A，CCP11A）、极 I 低端阀组

控制保护（pole one converter C&P A，CCP12A）、极 Ⅱ 控制保护 A 套（pole two pole control and protection A，P2PCPA）、极 Ⅱ 高端阀组控制保护（pole two converter C&P A，CCP21A）、极 Ⅱ 低端阀组控制保护（pole two converter C&P A，CCP22A）主用，极 Ⅱ 为控制极。

（3）站内安全稳定控制装置正常投入运行。

2.2　交流系统

（1）500kV 交流进线 Ⅰ 线、Ⅱ 线、Ⅲ 线、Ⅳ 线、Ⅴ 线、Ⅵ 线未投运（相关线路的短引线保护均正常投入）；500kV 交流进线Ⅶ线、Ⅷ线运行，500kV 1 号母线、2 号母线运行，500kV 交流场所有断路器运行。

（2）第一、二、三、四大组滤波器母线运行，5611、5613、5621、5622、5623、5643 交流滤波器运行。

（3）750kV 1 号母线、2 号母线运行，750kV 交流进线 Ⅰ 线、750kV 交流进线 Ⅱ 线、750kV 交流进线 Ⅲ 线，750kV 所有断路器运行正常，1 号、2 号、3 号主变压器运行正常，66kV 电容器在冷备用状态，66kV 电抗器在热备状态正常。

（4）110kV 站用变压器、66kV 1 号站用变压器、2 号站用变压器运行，10kV 0 号母线、1 号母线、2 号母线运行。

2.3　站用低压直流系统

站公用站用低压直流系统、极 Ⅰ 高端阀组站用低压直流系统、极 Ⅰ 低端阀组站用低压直流系统、极 Ⅱ 高端阀组站用低压直流系统、极 Ⅱ 低端阀组站用低压直流系统、500kV 交流场站用低压直流系统、750kV 交流场站用低压直流系统、交流滤波器场站用低压直流系统运行。

2.4　现场天气情况

大暴雨，环境温度 9℃。

3．事故处理过程

（1）异常现象。

1）事故警铃响起。

2）重要报文信息：2020 年 7 月 7 日 17:00:00 运维人员监盘发现运行人员工作站（operator work station，OWS）后台报 "750kV 交流进线 Ⅰ 线线路保护屏 A、B 线路保护动作出现、750kV 交流进线 Ⅰ 线线路保护屏 A、B 过电压保护装置保护动作出现、7510 断路器保护 CBP710 第一、二组出口跳闸出现，7512 断路器保护 CBP712 第一、二组出口跳闸出现，7510 断路器保护 CBP710 第一组控制回路断线出现，7512 断路器保护 CBP712 第一组控制回路断线出现"。

3）交流场界面状态：750kV 交流进线 I 线 7512、7510 断路器跳开并锁定。

4）直流场界面状态：无变化。

5）直流顺控界面状态：直流系统双极四换流器大地回线 4000MW 运行，功率无损失。

（2）设备检查及分析判断。

1）监控后台检查。值长安排监盘人员检查和记录事故发生时间、监控系统报文、设备状态的变换、系统有无电压、潮流越限的情况等信息，确认信息记录是否正确完备。

2）汇报调度并安排人员进行现场一、二次设备检查。值班长组织人员向站领导推送相关信息，同时向网调汇报现场设备跳闸及损坏情况，并向国调申请降低直流输送功率，需满足任一条 750kV 交流进线线路跳闸后的功率限额 3000MW；待调度许可后，紧急操作至功率限额值（紧急操作时可不用操作票，但必须执行监护制度），并查看站系统联络变压器断面有无越限情况产生；同时，安排人员开展现场一、二次设备检查。

一次设备检查情况：

a. 值长安排巡视人员 B、C（见附录）穿好雨衣、绝缘鞋在现场远距离检查 750kV 交流进线 I 线现场设备，检查发现 750kV 交流进线 I 线线路避雷器的喷口有泄压痕迹，现场有避雷器炸裂的碎片，现场检查 750kV 交流进线 I 线线路电压互感器 TV 及 750kV 管形母线及旁边的 750kV 交流进线 II 线线路设备有无损伤情况；值班长、监盘人员 A 随后与技术员 D 共同开展监控后台报警信息确认工作，并收集整理现场一、二次检查人员上报的现场检查情况。

b. 巡视人员赶赴 750kV GIS 查看 7512 和 7510 断路器电气指示和机械指示均在分位，在 750kV 继电器室查看 7512 和 7510 断路器保护装置上显示为分位。

c. 值长安排人员 D 通过视频监控系统对现场设备进行视频检查，通过视频回放的方式检查发现 750kV 交流进线 I 线线路避雷器 A 相炸裂瞬间的视频。

二次设备检查情况：现场检查 750kV 1 号继电器室内断路器保护屏，7512、

7510 断路器保护屏操作箱上三相分闸指示灯均点亮，第一、二组跳闸出口指示灯也点亮，750kV 交流进线 I 线两套线路保护屏内"跳 A、跳 B、跳 C"指示灯均点亮，重合闸指示灯未点亮，装置其他显示状态正常，查看线路保护装置液晶显示报文"A 相 分相差动保护动作、保护动作跳三相，保护动作跳 A 相、保护动作跳 B 相、保护动作跳 C 相"，其中 A 相差动故障电流为 $8I_e$（额定电流），远远高于制动电流，线路保护分相差动动作正确，有保护，推断线路接线上可能出现的永久接地故障。

3）第二次汇报调度并向站领导推送相关信息。汇报调度并申请将 750kV 交流进线 I 线线路转为检修状态，对 750kV 交流进线 I 线线路避雷器进一步详细检查及处理。

（3）故障点隔离。

1）申请调度将 750kV 交流进线 I 线的线路两侧断路器 7512、7510 由热备用转为冷备用。

2）合上 750kV 交流进线 I 线的线路接地开关 751267 接地开关。

（4）整理相关记录，编制"事故快报"。由站内运维专责根据现场信息编制"事故快报"，2020 年 7 月 7 日 17:00 该换流站 750kV 交流进线 I 线线路跳闸，现场检查发现 750kV 交流进线 I 线线路避雷器 A 相的喷口有泄压痕迹，现场有避雷器炸裂的碎片，故障设备于 2019 年 1 月 11 日正式投入运行，型号为 Y20W-600/1380，现场天气情况为雷暴雨。故障前设备的运行方式为双极直流系统大地回线 4000MW，交流系统运行正常；故障后设备运行方式为双极直流系统大地回线 3000MW，750kV 交流进线 I 线线路跳闸，线路两侧断路器 7512、7510 在分位，其余交流设备运行正常；经站内审核无误后报送运检部。

（5）检修处理工作。站内领导安排相关专业组织抢修。站内检修专业开票工作，对故障设备跳闸情况进行详细检查；开展故障设备及相关一次设备开展例行及诊断性试验，整理现场相关资料。

1）整理比对相关设备交接试验数据及历年检修试验数据。

2）检查避雷器复合外套：外观是否完整无破损。复合外套表面单个缺陷（如缺胶、杂质、凸起等）面积不应超过 $5mm^2$，总缺陷面积不应超过复合外套面积的 0.2%。

3）检查避雷器监测装置外观良好，无破损，无进水受潮，电流示数是否与后台一致。

4）检查引流线有无散股、断股、烧损。引流线连板（线夹）有无裂纹、变色、烧损。引流线连接螺栓有无松动、锈蚀、缺失。

5）避雷器接地装置是否连接可靠，有无松动、烧伤，焊接部位有无开裂、锈蚀。

6）测量附近避雷器的绝缘电阻应采用 5000V 绝缘电阻表，绝缘电阻不应小于 2500MΩ。

7）测量附近避雷器的直流 1mA 参考电压和 0.75 倍直流 1mA 参考电压下的泄漏电流，对应于直流参考电流下的直流参考电压，整支或分节进行的测试值。实测值与制造厂实测值比较，其允许偏差应为 ±5%，0.75 倍直流参考电压下的泄漏电流值不应大于 50μA，或符合产品技术条件的规定。750kV电压等级的金属氧化物避雷器应测试 1mA 和 3mA 下的直流参考电压值，测试值应符合产品技术条件的规定；0.75 倍直流参考电压下的泄漏电流值不应大于 65μA，尚应符合产品技术条件的规定；试验时，若整流回路中的波纹系数大于 1.5%时，应加装滤波电容器，可为 0.01～0.1μF，试验电压应在高压侧测量。

8）检查 750kV 交流进线 I 线 CVT 复合外套：外观是否完整无破损。复合外套表面单个缺陷（如缺胶、杂质、凸起等）面积不应超过 5mm^2，总缺陷面积不应超过复合外套面积的 0.2%。

9）检查金具接线有无散股、断股、烧损。引流线连板（线夹）有无裂纹、变色、烧损。引流线连接螺栓有无松动、锈蚀、缺失。

10）端子箱内接地连接是否连接可靠，有无松动、烧伤，端子箱内接线是否完好，连接紧固。

11）使用 2500V 绝缘电阻表，测量 CVT 的一次绕组对二次绕组及外壳、各二次绕组间及其对外壳的绝缘电阻，绝缘电阻值不宜低于 1000MΩ；测量电压互感器接地端（N）对外壳（地）的绝缘电阻，绝缘电阻值不宜小于 1000MΩ。

12）测量 CVT 的介质损耗角正切值 tanδ 应符合产品技术条件的规定，电容值的偏差应在额定电容值的+10%～−5%范围内，tanδ 不应大于 0.2。

13）使用 2500V 绝缘电阻表测量绝缘电阻，绝缘电阻测量应在二极间进行。

准备备品备件及工器具，开展站内抢修更换工作，如有需要，联系应急抢修单位及避雷器厂家到站进行更换处理。

第二节 断路器保护

断路器保护主要包括断路器失灵保护、自动重合闸、充电保护、死区保护和三相不一致保护等。本节主要涉及介绍 3/2 接线方式下的失灵保护、自动重合闸、充电保护。

断路器失灵保护为元件保护的后备保护，用于保护跳本开关拒动时，失灵保护再跳本开关并启动相邻开关跳闸，防止设备损坏。保护的原理是当有跳闸信号时，开关电流仍然超过定值，再次发指令跳本开关，延时发指令跳相邻开关。

充电保护是电气设备充电时一种特殊状态的保护，比如变压器充电时，励磁涌流过大，其本身电量保护无法正常工作，因此需投入开关的充电保护，充电保护本质就是过电流保护。通过两段电流和时间定值均可设置的带延时的过电流保护实现。电流取自本断路器 TA，与断路器失灵保护共用。充电保护可经充电保护投入压板及整定值中相应段充电保护投入控制字投退。充电保护动作后，启动失灵保护，失灵保护经失灵延时出口。

断路器重合闸保护是超高压输电线路的瞬时故障较多，使用重合闸功能，当线跳跳闸后，重合闸会自动重合一次，试合成功，线路继续运行，否则判为永久故障，不再重合。

某 ±800kV 换流站 500kV 断路器配置断路器保护装置，断路器保护装置按单台断路器、单重化原则配置，单独组屏。采用南瑞继保保护装置（PCS-921A-G 断路器保护）。

案例 2

500kV 交流进线Ⅶ线线路两侧进线开关拒动启动失灵保护

1. 预想事故情况

2021 年 3 月 8 日 15:30，某换流站 500kV 交流进线Ⅶ线线路两侧进线开关拒动启动失灵保护。

2．运行方式

2.1　直流系统

（1）双极典型方式一运行，输送功率 4000MW，当前该站为主控站。

（2）极Ⅰ控制保护 A 套（pole one pole control and protection A，P1PCPA）、极Ⅰ高端阀组控制保护（pole one converter C&P A，CCP11A）、极Ⅰ低端阀组控制保护（pole one converter C&P A，CCP12A）、极Ⅱ控制保护 A 套（pole two pole control and protection A，P2PCPA）、极Ⅱ高端阀组控制保护（pole two converter C&P A，CCP21A）、极Ⅱ低端阀组控制保护（pole two converter C&P A，CCP22A）主用，极Ⅱ为控制极。

（3）站内安全稳定控制装置正常投入运行。

2.2　交流系统

（1）500kV 交流进线Ⅰ线、Ⅱ线、Ⅲ线、Ⅳ线、Ⅴ线、Ⅵ线未投运（相关线路的短引线保护均正常投入）；500kV 交流进线Ⅶ线、Ⅷ线运行，500kV 1 号母线、2 号母线运行，500kV 交流场所有断路器运行。

（2）第一、二、三、四大组滤波器母线运行，5611、5613、5621、5622、5623、5643 交流滤波器运行。

（3）750kV 1 号母线、2 号母线运行，750kV 交流进线Ⅰ线、750kV 交流进线Ⅱ线、750kV 交流进线Ⅲ线，750kV 所有断路器运行正常，1 号、2 号、3 号主变压器运行正常，66kV 电容器在冷备用状态，66kV 电抗器在热备状态正常。

（4）110kV 站用变压器、66kV 1 号站用变压器、2 号站用变压器运行，10kV 0 号母线、1 号母线、2 号母线运行。

2.3　站用低压直流系统

站公用站用低压直流系统、极Ⅰ高端阀组站用低压直流系统、极Ⅰ低端阀组站用低压直流系统、极Ⅱ高端阀组站用低压直流系统、极Ⅱ低端阀组站用低压直流系统、500kV 交流场站用低压直流系统、750kV 交流场站用低压直流系统、交流滤波器场站用低压直流系统运行。

2.4　现场天气情况

晴，环境温度 12℃。

3．事故处理过程

（1）异常现象。

1）事故警铃响起。

2）重要报文信息：2021 年 3 月 8 日 15:30:42，监盘人员发现 OWS 后台报"500kV 交流进线Ⅶ线第一套线路保护动作""500kV 交流进线Ⅶ线第二套线路保护动作""5082 断路器保护 A/B/C 相跳闸出现""5083 断路器保护 A/B/C 相跳闸出现""5082 断路器保护失灵保护跳闸出现""5082 断路器第一、二组出口跳闸出现""5083 断路器保护失灵保护跳闸出现""5083 断路器第一、二组出口跳闸出现""500kV 2 号母线保护屏 1 失灵经母差跳闸出现""500kV 2 号母线保护屏 2 失灵经母差跳闸出现""5013、5023、5033、5043、5053、5063、5073、5083、5093、5103、5113、5081 断路器第一、二组出口跳闸出现""5013、5023、5033、5043、5053、5063、5073、5083、5093、5103、5113、5081 断路器 A/B/C 相分、断路器电机打压信号出现、油压低闭锁重合闸出现"。

3）交流场界面状态：3 号主变压器断路器 5013 断路器、500kV 交流进线Ⅰ线进线 5023 断路器、1 号主变压器进线 5033 断路器、500kV 交流进线Ⅲ线进线 5043 断路器、极Ⅰ低端换流器进线 5053 断路器、500kV 交流进线Ⅴ线进线 5063 断路器、极Ⅱ高端换流器进线 5073 断路器、62 号母线交流滤波器进线 5093 断路器、500kV 交流进线Ⅸ线 5103 断路器、64 号母线交流滤波器进线 5113 断路器、61 号母线交流滤波器进线 5081 断路器跳开并锁定。

4）直流场界面状态：无变化。

5）直流顺控界面状态：无变化。

（2）设备检查及分析判断。

1）监控后台检查。值长安排监盘人员检查和记录事故发生时间、监控系统报文、设备状态的变换、系统有无电压、潮流越限的情况等信息，确认信息记录是否正确完备。

2）汇报调度并安排人员进行现场一、二次设备检查。值班长组织人员汇报调度，向站领导推送相关信息，同时安排人员开展现场一、二次设备检查。

一次设备检查情况：值长安排巡视人员 A、B（见附录）带对讲机、钥匙查看 500kV GIS 内设备情况，查找故障原因，查看断路器 5013、5023、5033、5043、5053、5063、5073、5081、5093、5103、5113 电气指示和机械指示均在分位，5082、5083 断路器电气指示和机械指示均在合位，在 500kV 1 号继电器室、500kV 2 号继电器室查看 5013、5023、5033、5043、5053、5063、5073、5081、5093、5103、5113 断路器保护装置上显示为分位，5082、5083 断路器保护装置上显示为合位,安排人员C通过视频监控系统对现场设备进行视频检查,通过视频回放的方式检查设备动作时有无伴随异常现象。

二次设备检查情况:现场查看500kV1号继电器室、500kV2号继电器室内开关保护屏,5013、5023、5033、5043、5053、5063、5073、5081、5093、5103、5113断路器保护屏跳闸指示灯点亮,操作箱上三相分闸指示灯均点亮,失灵保护跳闸指示灯点亮,第一、二组跳闸出口指示灯也点亮,装置显示状态正常,500kV2号母线保护屏1、500kV2号母线保护屏2失灵经母差跳闸指示灯亮。

3)第二次汇报调度并向站领导推送相关信息。

(3)整理相关记录,编制"事故快报"。由站内运维专责根据现场信息编制"事故快报",2021年3月8日15:30:42,该换流站500kV交流进线Ⅶ线线路两侧进线断路器由于断路器传动杆断裂拒动启动失灵保护,导致5081断路器跳开、2号母线边开关全部跳开,2号母线失压;故障设备于2019年1月11日正式投入运行,现场天气情况为晴天,故障前为双极四换流器大地回线方式运行,输送功率4000MW,500kV交流系统运行正常;故障后直流系统正常,无损失,500kV交流系统5013、5023、5033、5043、5053、5063、5073、5081、5093、5103、5113断路器跳闸并锁定,5082、5083断路器拒动未跳开,其余正常运行;经站内审核无误后报送运检部。

(4)检修处理工作。站内领导通知检修一、二次专业组织抢修,准备备品备件及工器具,对故障设备跳闸情况进行详细检查:开展断路器机构更换,更换后对断路器开展例行及诊断性试验,整理现场相关资料。

第三节　线　路　保　护

光纤纵联差动保护(简称线路保护),是指以两侧电流的矢量和作为动作量,矢量差作为制动量,当动作量大于制动量一定系数时,保护动作,立即跳开线路两侧断路器的一种快速保护。正常运行情况下,电流矢量和应为零,制动量为两倍的运行电流,保护不可能动作。区外故障时,电流较大,但两侧电流矢量和仍然为零,保护可靠不动作。只有当区内故障时,电流均从两侧母线流至故障点,动作量增大,制动量减小,保护可靠动作。

某换流站750kV交流线路保护均双重化配置两套线路保护,包括分相电流差动保护和线路保护装置、过电压远跳及就地判别装置。第一套采用

CSC-103A-G 线路保护装置、CSC-125A-G 过电压远跳保护装置；第二套采用 PCS-931A-G 线路保护装置、PCS-925A-G 过电压远跳保护；该站线路保护装置主要实现纵联差动保护、距离保护和零序过电流保护；电流差动保护配有分相式电流差动保护和零序电流差动保护，用于快速切除各种类型故障。

案例 3

750kV 交流进线 Ⅱ 线 C 相引线断落造成三相短路

1．预想事故情况

2021 年 4 月 17 日 2:30，该换流站 750kV 交流进线 Ⅱ 线 C 相引线断落造成三相短路，导致 750kV 交流进线 Ⅱ 线路停运。

2．运行方式

2.1　直流系统

（1）双极典型方式一运行，输送功率 5200MW，当前该站为非主控站，动态电压投入。

（2）极 Ⅰ 控制保护 A 套（pole one pole control and protection A，P1PCPA）、极 Ⅰ 高端阀组控制保护（pole one converter C&P A，CCP11A）、极 Ⅰ 低端阀组控制保护（pole one converter C&P A，CCP12A）、极 Ⅱ 控制保护 A 套（pole two pole control and protection A，P2PCPA）、极 Ⅱ 高端阀组控制保护（pole two converter C&P A，CCP21A）、极 Ⅱ 低端阀组控制保护（pole two converter C&P A，CCP22A）主用，极 Ⅱ 为控制极。

（3）站内安全稳定控制装置正常投入运行。

2.2　交流系统

（1）500kV 交流进线 Ⅰ 线、Ⅱ 线、Ⅲ 线、Ⅳ 线、Ⅴ 线、Ⅵ 线未投运（相关线路的短引线保护均正常投入）；500kV 交流进线 Ⅶ 线、Ⅷ 线运行，500kV 1 号母线、2 号母线运行，500kV 交流场所有断路器运行。

（2）第一、二、三、四大组滤波器母线运行，5611、5613、5621、5622、5623、5643 交流滤波器运行。

（3）750kV 1 号母线、2 号母线运行，750kV 交流进线 Ⅰ 线、750kV 交流进线 Ⅱ 线、750kV 交流进线 Ⅲ 线，750kV 所有断路器运行正常，1、2、3 号主变压器运行正常，66kV电容器在冷备用状态，66kV电抗器在热备状态正常。

（4）110kV站用变压器，66kV 1号站用变压器、2号站用变压器运行，10kV 0号母线、1号母线、2号母线运行。

2.3　站用低压直流系统

站公用站用低压直流系统、极Ⅰ高端阀组站用低压直流系统、极Ⅰ低端阀组站用低压直流系统、极Ⅱ高端阀组站用低压直流系统、极Ⅱ低端阀组站用低压直流系统、500kV交流场站用低压直流系统、750kV交流场站用低压直流系统、交流滤波器场站用低压直流系统运行。

2.4　现场天气情况

大风扬沙，环境温度9℃。

3．事故处理过程

（1）异常现象。

1）事故警铃响起。

2）重要报文信息：2021年4月17日2:30:42，监盘人员发现OWS后台报"S1ACC72 A 750kV交流进线Ⅱ线第二套线路保护动作出现、750kV交流进线Ⅱ线第一套线路保护装置报警出现；S1ACC72 B 750kV交流进线Ⅱ线第二套线路保护动作出现、750kV 交流进线Ⅱ线第一套线路保护装置报警出现；S1ACC72A/B WA.W2.Q1（7521）断路器A/B/C相分、保护发出锁定交流断路器命令；S1ACC72A/B WA.W2.Q2（7520）断路器A/B/C相分、保护发出锁定交流断路器命令"。

3）交流场界面状态：750kV交流进线Ⅱ线进线开关7521、7520断路器跳开并锁定。

4）直流场界面状态：无。

5）直流顺控界面状态：无。

（2）设备检查及分析判断。

1）监控后台检查。值班长安排监盘人员检查和记录事故发生时间、监控系统报文、设备状态的变换、功率转带、系统有无电压、潮流越限的情况等信息，确认信息记录是否正确完备。

2）汇报调度并安排人员进行现场一、二次设备检查。5mins内，值班长根据后台相关报文初步判断故障范围，向调度汇报保护、安全控制动作情况，汇报线路故障类型、开关跳闸及开关重合闸情况；同时向国调中心申请将功率由

5200MW 降至 4600MW（750kV 交流进线线路任意一条停运限额）。向站领导推送相关信息，同时安排人员开展现场一、二次设备检查。

一次设备检查情况：

a. 值班长安排班组内两名人员 B、C（见附录）带对讲机、望远镜及红外测温仪查看 750kV GIS 交流场情况，查找故障点，发现 750kV 交流进线 Ⅱ 线 C 相引线断落，在线路至 GIS L 形管形母线上方位置处三相均有明显短路痕迹，通知检修人员确认故障点是否真实。

b. 巡视人员赶赴 750kV GIS 查看 7521 和 7520 断路器电气指示和机械指示均在分位，在 750kV 1 号继电器室查看 7521 和 7520 断路器保护装置上显示为分位。

c. 值班长安排人员 D 通过视频监控系统对现场设备进行视频检查，通过视频回放的方式检查发现 750kV 交流进线 Ⅱ 线 C 相引线断落至 GIS L 形管形母线上方位置处有放电弧光。

二次设备检查情况：现场查看 750kV 交流进线 Ⅱ 线线路保护屏 1/2 面板告警亮红灯、跳 A/B/C 红灯亮，查看二次屏柜装置外观光纤接线无异常，装置显示无异常；查看 750kV 1 号继电器小室内开关保护屏，7521、7520 断路器保护屏操作箱上三相分闸指示灯均点亮，第一、二组跳闸出口指示灯也点亮，装置显示状态正常。打印故障录波图并查看内置故障录波发现，750kV 交流进线 Ⅱ 线 C 相出现电流下跌至 0A，相电压也降至 0kV；之后三相电流大小一样且出现剧增，之后均变为 0，由此推断线路纵差保护动作，跳开线路两侧开关并锁定，通过录波推断 750kV 交流进线 Ⅱ 线出现 C 相断线引起三相短路故障。

3）第二次汇报调度并向站领导推送相关信息。汇报西北调度并申请将 750kV 交流场 7521 和 7520 断路器转为冷备用，将 750kV 交流进线 Ⅱ 线转为检修状态，对 750kV 交流进线 Ⅱ 线进一步详细检查及处理。

（3）故障点隔离。

1）申请调度将 750kV 交流场 7521 和 7520 断路器转为冷备用。

2）750kV 交流进线 Ⅱ 线转为检修状态（合上 752167 接地开关）。

（4）整理相关记录，编制"事故快报"。由站内运维专责根据现场信息编制"事故快报"，2021 年 4 月 17 日 2:30 该换流站 750kV 交流进线 Ⅱ 线 C 相引线断落造成三相短路，导致 750kV 交流进线 Ⅱ 线线路停运；故障线路回路最大工作电流 5000A，载流量 5220A（100℃），型号为 2×JLHN58K-1600，2019 年

1月11日正式投入运行，现场天气情况为大风扬尘天气，故障前为双极四换流器大地回线方式运行，输送功率5200MW，750kV交流系统运行正常；故障后由于750kV交流进线线路任意一条停运最高限额向国调申请将5200MW降至4600MW；目前双极四换流器大地回线方式运行4600MW运行正常，750kV交流系统7521、7520断路器跳闸，其余正常运行；经站内审核无误后报送运检部。

（5）检修处理工作。站内领导安排相关专业组织抢修，站内检修专业开票工作，对故障设备跳闸情况进行详细检查：开展故障设备及相关一次设备开展例行及诊断性试验，整理现场相关资料。确定有问题的设备后，准备备品备件及工器具，开展站内抢修工作。如有需要联系应急抢修单位到站进行处理。

第四节　差　动　保　护

差动保护是输入的两端电流矢量差，当达到设定的动作阈值时，启动动作元件，以达到保护范围内输入的两端电流互感器之间的设备。本节案例主要涉及变压器差动保护和母线差动保护。

（1）变压器差动保护的工作原理：根据基尔霍夫电流定律，当变压器正常工作或在区外发生故障时，流入变压器的电流和流出电流相等，差动继电器不动作。从理论上讲，变压器正常运行及外部故障时，差动回路电流为零。实际上，由于两侧电流互感器的特性不可能完全一致等原因，在正常运行和外部短路时，差动回路中，仍有不平衡电流 I_3 流过。流过继电器的电流 $I_k=I_1-I_2=I_3$，要求不平衡电流应尽量小，以确保继电器不会误动。当变压器内部发生相间短路时，在差动回路中，由于 I_2 改变了方向或者等于零（无电源侧），这时流过继电器的电流为 I_1 与 I_2 之和，即 $I_k=I_1+I_2=I_3$，能使继电器可靠动作。

（2）母线差动保护：根据基尔霍夫电流定律，母线在正常工作或其保护范围外部故障时，所有流入及流出母线的电流之和为零（差动电流为零），而在内部故障情况下，所有流入及流出母线的电流之和不再为零（差动电流不为零）。基于这个前提，差动保护可以正确地区分母线内部和外部故障。

该换流站500kV交流母线配置母差保护装置，母差保护装置按单母线、双重化原则配置，两套保护分开组屏。第一套采用CSC-150C-G母线保护装置、第二套采用PCS-915C-G母线保护装置。

换流变压器差动保护集成在阀组保护主机中，采用三重化配置，换流变压器差动保护信号通过阀组测量接口屏（converter measuring interface，CMI）传入阀组保护主机，三套阀组保护装置动作出口分别接入阀组控制主机和阀组三取二装置。由阀组三取二装置和阀组控制主机分别执行出口跳闸命令；同时，阀控主机执行闭锁命令。

案例 4

500kV Ⅱ母线母差保护和极Ⅰ低端换流变压器差动保护

1. 预想事故情况

2021 年 10 月 1 日 09:30，500kV Ⅱ母线母差保护和极Ⅰ低端换流变压器差动保护。

2. 运行方式

2.1　直流系统

（1）双极四换流器闭锁状态，输送功率 0MW，当前该站为主控站。

（2）极Ⅰ控制保护 A 套（pole one pole control and protection A，P1PCPA）、极Ⅰ高端阀组控制保护（pole one converter C&P A，CCP11A）、极Ⅰ低端阀组控制保护（pole one converter C&P A，CCP12A）、极Ⅱ控制保护 A 套（pole two pole control and protection A，P2PCPA）、极Ⅱ高端阀组控制保护（pole two converter C&P A，CCP21A）、极Ⅱ低端阀组控制保护（pole two converter C&P A，CCP22A）主用，极Ⅱ为控制极。

（3）安全稳定控制装置正常投入运行。

2.2　交流系统

（1）500kV 交流进线Ⅰ线、Ⅱ线、Ⅲ线、Ⅳ线、Ⅴ线、Ⅵ线未投运（相关线路的短引线保护均正常投入）；500kV 交流进线Ⅶ线、Ⅷ线运行，500kV 1 号母线、2 号母线运行，500kV 交流场所有断路器运行。

（2）第一、二、三、四大组滤波器母线运行，所有滤波器在热备用。

（3）750kV 1 号母线、2 号母线运行，750kV 交流进线Ⅰ线、750kV 交流进线Ⅱ线、750kV 交流进线Ⅲ线，750kV 所有断路器运行正常，1 号、2 号、3 号主变压器运行正常，66kV 电容器在冷备用状态，66kV 电抗器在热备状态正常。

（4）110kV 站用变压器，66kV 1 号站用变压器、2 号站用变压器运行，10kV 0 号母线、1 号母线、2 号母线运行。

2.3　站用低压直流系统

站公用站用低压直流系统、极 I 高端阀组站用低压直流系统、极 I 低端阀组站用低压直流系统、极 II 高端阀组站用低压直流系统、极 II 低端阀组站用低压直流系统、500kV 交流场站用低压直流系统、750kV 交流场站用低压直流系统、交流滤波器场站用低压直流系统运行。

2.4　现场天气情况

晴，环境温度 12℃。

3．事故处理过程

（1）异常现象。

1）事故警铃响起。

2）重要报文信息：2021 年 10 月 1 日 9:30，操作人员人员合 5053 断路器对极 I 低端换流变压器充电时，发现 OWS 后台报 "S1ACC5A、S1ACC5B 交流场开关 WB.W5Q3（5053）合、P1CCP2 换流变压器差动保护动作出现、5053 A、B、C 三相断开、极 I 低端阀组 断电 出现、500kV II 母线保护 差动保护 动作 出现……"

3）交流场界面状态：500kV 2 号母线侧所有边断路器在分闸状态。

4）直流场界面状态：双极四换流器闭锁状态。

（2）设备检查及分析判断。

1）监控后台检查。值长安排监盘人员检查和记录事故发生时间、监控系统报文的情况等信息，确认信息记录是否正确完备。

2）汇报调度并安排人员进行现场一、二次设备检查。值班长组织人员汇报调度，向站领导推送相关信息，同时安排人员开展现场一、二次设备检查。

一次设备检查情况：值长安排人员 B、C（见附录）带对讲机赶赴 500kV GIS 室查看 500kV 2 号母线侧所有开关外观均无异常。

二次设备检查情况：500kV1 号、2 号继电器室对 2 号母线侧 11 个边开关保护柜的录波进行检查，保护均有启动信号，且故障电流大小波形基本相同。除第五串外，其余边开关相关联的线路保护或滤波器母线保护都没有动作，查看极 I 低端换流变压器保护装置故障滤波，发现换流变压器大差 A 相电流和引线差动 A 相电流达到动作定值，动作正确。

鉴于母线差动保护与换流变压器差动保护同时动作，换流变压器差动保护取 5052 和 5053 断路器最外侧电流互感器 TA，母差保护取 5053 断路器两侧最外侧 TA，结合一次检查和故障录波，初步判断故障在 5053 断路器本体。

3）第二次汇报调度并向站领导推送相关信息。立即汇报站部及公司领导并向调度申请将 5053 断路器转为检修状态，对 5053 断路器进行详细检查及处理。

（3）故障点隔离。

1）向调度申请将 5053 断路器转检修，并将 5053 断路器进行隔离。

2）操作 500kV 交流场将 5053 断路器转为冷备用。

3）合上 505317、505327 接地开关，将 5053 断路器转检修。

4）申请退出 5053 断路器保护。

（4）整理相关记录，编制"事故快报"。由站内运维专责根据现场信息编制"事故快报"，2021 年 10 月 1 日 9:30 该换流站 5053 断路器对极 I 低端换流变压器充电导致 500kV 2 号母差保护和极 I 低端换流变压器差动保护；2019 年 1 月 11 日正式投入运行，型号为 LW13-800，现场天气情况良好，站内双极四换流器闭锁，输送功率 0MW，设备运行正常；500kV 交流系统 5053 断路器由运行转检修；经站内审核无误后报送运检部。

（5）检修处理工作。站内领导安排相关专业组织抢修，站内检修专业开票工作，对故障设备情况进行详细检查：开展故障设备及相关一次设备开展例行及诊断性试验（SF_6 气体分解物检测），整理现场相关资料。

确定有问题的设备后，准备备品备件及工器具，开展站内抢修工作。如有需要，联系应急抢修单位到站进行处理。

第三章　变压器类典型事故预想与处理

第一节　变压器冷却器

特高压直流换流站里的换流变压器冷却器的冷却方式属于强迫油循环导向风冷类型。与普通变压器相比，其主要区别在于变压器器身部分的油路不同。普通的油冷却变压器油箱内油路较乱，油沿着绕组和铁芯、绕组和绕组间的纵向油道逐渐上升，而绕组段间（或叫饼间）油的流速不大，局部地方还可能没有冷却到，绕组的某些线段和线匝局部温度很高。强迫油循环采用导向冷却，可以改善这些状况。变压器中线圈的发热比铁芯发热占的比例大，改善线圈的散热情况还是很有必要的。导向冷却的变压器，在结构上采取了一定的措施（如加挡油纸板、纸筒）后，使油按一定的路径流动，如图 3-1 所示。采取了导向冷却，泵口的冷油，在一定压力下被送入绕组间、线饼间的油

图 3-1　绕组内冷却结构示意

道和铁芯的油道中，能冷却绕组的各个部分，这样可以提高冷却效能。下面将冷却器具体工作过程分两部分来介绍。

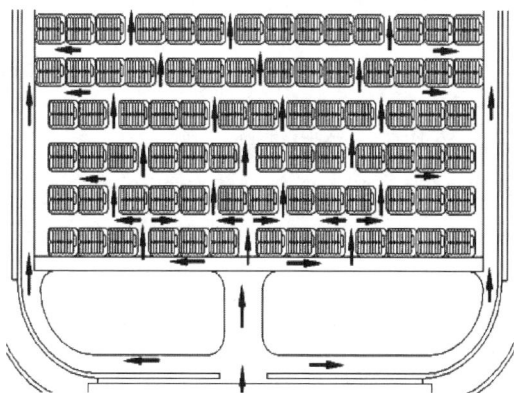

一、强油循环导向风冷却利用箱底导油结构来实现冷却

对于特大型变压器，为了降低变压器的运输高度，常将下节油箱的加强铁布置在油箱内部。同时，为了避免大电流低压引线引起的箱沿螺栓局部过热，

下节油箱高度一般取得较低。这种情况下，从下节油箱箱壁引出导油管将变得困难，但可以采用箱底导油结构。

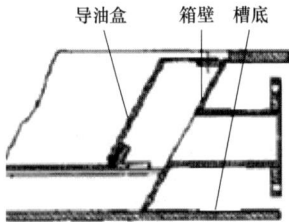

图 3-2　箱底导油盒结构

箱底导油结构是利用箱壁内部和强铁之间的空间作为导油通道，具体结构如图 3-2 所示。视结构需要，可以在下节油箱的高压侧（或低压侧或高、低压侧）焊上导油盒，该导油盒通过箱壁上的管接头与油箱外面的冷却器连通。来自冷却器的变压器油流经油箱导油盒进入箱底导油通路内，然后利用铁芯下夹件下肢板上所开分流孔将冷却油导入器身内部。

对于强油循环导向冷却的变压器而言，当绝缘材料表面的油流速度过高时，有可能造成"油流带电"现象，危及变压器的安全运行。在结构上常采取"分流"措施，即将来自冷却器油流的一部分直接导入油箱而不进入器身内部，虽然这部分油不对绕组的线饼进行直接冷却，但由于它是冷油进入变压器油箱下部，在油箱内部变热后从上部出油口流出，因而同样带走变压器损耗所产生的热量，使变压器的油面温度降低。

二、冷却器利用空气流通来冷却变压器油

冷却器由冷却风扇、潜油泵、散热片、油流指示器等组成。冷却器风扇被分隔开来安装，这样的安装方式便于逐个有选择地开启和关闭风扇。潜油泵提供强迫油循环的动力，油流指示器则用来指示潜油泵是否启动。

西门子提供的换流变压器均有 4 组冷却器（竖直方向为组），每组由 4 台冷却风扇及散热片、1 台潜油泵及控制电路等组成。冷却器的照片如图 3-3 所示。

西门子提供的换流变压器的每组冷却器上装有 1 台潜油泵，潜油泵提供强迫油循环的动力。潜油泵的内部结构图如图 3-4 所示。泵 1 和电机室 5 都是由铁质材料构成，再由螺丝固定，连接处的密封使用 O 形环，定子 6 和绕组 8 直接

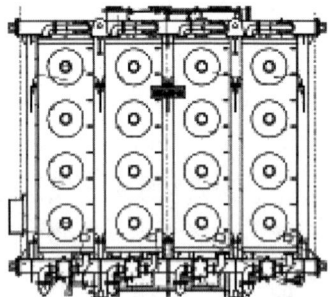

图 3-3　冷却器结构

安装在电机室内，电机的传动轴 9、用来支撑转子 7 和泵叶轮 3 悬挂两端在球形轴承中，当转子静止，电机室产生振动时，球形轴承 4 中缓冲器的弹簧可以防损

伤。泵叶轮安装时，应小心地调整和平衡。电机端子盒 2 具有耐污特性，用于安装电缆。在运输过程中，电缆孔要使用塑料插销密封，可以在进口旁钻出其余尺寸的孔，接线盒的接地使用一个内部接地螺丝。

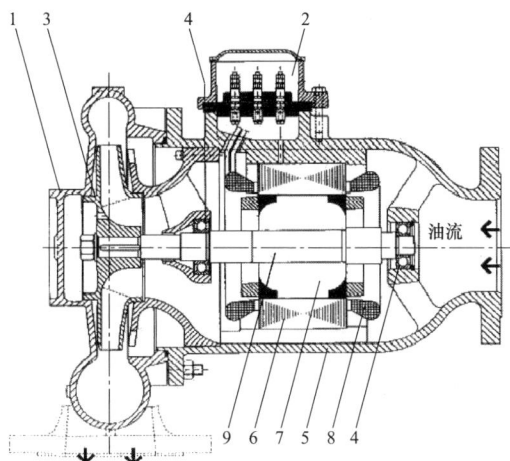

图 3-4　潜油泵的内部结构

1—泵；2—电机端子盒；3—泵叶轮；4—球形轴承；5—电机室；

6—定子；7—轮子；8—线圈；9—传动轴

潜油泵的照片如图 3-5 所示。ABB 提供的换流变压器冷却器冷却方式也是属于强迫油循环导向风冷类型的，在结构和工作原理方面与西门子提供的换流变压器冷却器相同。在结构方面，ABB 提供的换流变压器冷却器的潜油泵在冷却器的上部，具体如图 3-6 所示。

图 3-5　潜油泵照片

图 3-6　冷却器照片

案例 1

极Ⅰ高 YY-A 相冷却器全停

1. 预想事故情况

2020 年 7 月 21 日 15:00:00，某换流站极Ⅰ高端 YY-A 换流变压器汇控柜 B 相汇流母线与 C 相汇流母线放电导致极Ⅰ高 YY-A 相冷却器全停。

2. 运行方式

2.1 直流系统

（1）双极典型方式一运行，输送功率 4000MW，当前该站为主控站。

（2）极Ⅰ控制保护 A 套（pole one pole control and protection A，P1PCPA）、极Ⅰ高端阀组控制保护（pole one converter C&P A，CCP11A）、极Ⅰ低端阀组控制保护（pole one converter C&P A，CCP12A）、极Ⅱ控制保护 A 套（pole two pole control and protection A，P2PCPA）、极Ⅱ高端阀组控制保护（pole two converter C&P A，CCP21A）、极Ⅱ低端阀组控制保护（pole two converter C&P A，CCP22A）主用，极Ⅱ为控制极。

（3）站内安全稳定控制装置正常投入运行。

2.2 交流系统

（1）500kV 交流进线Ⅰ线、Ⅱ线、Ⅲ线、Ⅳ线、Ⅴ线、Ⅵ线未投运（相关线路的短引线保护均正常投入）；500kV 交流进线Ⅶ线、Ⅷ线运行，500kV 1 号母线、2 号母线运行，500kV 交流场所有开关运行。

（2）第一、二、三、四大组滤波器母线运行，5611、5613、5621、5622、5623、5643 交流滤波器运行。

（3）750kV 1 号母线、2 号母线运行，750kV 交流进线Ⅰ线、750kV 交流进线Ⅱ线、750kV 交流进线Ⅲ线，750kV 所有断路器运行正常，1 号、2 号、3 号主变压器运行正常，66kV 电容器在冷备用状态，66kV 电抗器在热备状态正常。

（4）110kV 站用变压器、66kV 1 号站用变压器、2 号站用变压器运行，10kV 0 号母线、1 号母线、2 号母线运行。

2.3 站用低压直流系统

站公用低压直流系统、极Ⅰ高端阀组站用低压直流系统、极Ⅰ低端阀组站用低压直流系统、极Ⅱ高端阀组站用低压直流系统、极Ⅱ低端阀组站用低压直流系统、500kV交流场站用低压直流系统、750kV交流场站用低压直流系统、交流滤波器场站用低压直流系统运行。

2.4 现场天气情况

晴，环境温度35℃。

3．事故处理过程

（1）异常现象。

1）事故警铃响起。

2）重要报文信息：2020年7月21日15:00:00，运维人员在巡视监盘发现OWS报"极1高端YY-A两路交流电源失电"，"TEC（换流变压器冷却器控制柜）A/B柜YY-A相冷却器全停报警"。

3）交流场界面状态：无变化。

4）直流场界面状态：无变化。

5）直流顺控界面状态：无变化。

（2）设备检查及分析判断。

1）监控后台检查。值长安排监盘人员检查和记录事故发生时间、监控系统报文、设备状态的变换、功率转带、系统有无电压、潮流越限的情况等信息，确认信息记录是否正确完备。

由于冷却器短时不能恢复，值长安排E、F（见附录）开启换流变压器降温水喷淋系统，值班员B、副值班员C开启BOX-IN风机，D密切监视换流变压器油温和绕组温度，交流电源丢失期间，冷却器全停，现场环境温度达到35℃，换流变压器油温呈持续上升趋势，30分钟内油温升高15℃。

2）汇报调度并安排人员进行现场一、二次设备检查。值班长组织人员向调度和站领导推送相关信息，2020年7月21日15:00，该换流站极Ⅰ高端YY-A两路交流电源失电，TECA/B柜YYA相冷却器全停报警，极Ⅰ高YYA相冷却器全停，极Ⅰ高换流器运行正常，功率未损失，现场天气晴，环境温度35℃，稍后现场详细处理情况汇报；同时安排人员开展现场一、二次设备检查。

a. 值班员B、副值班员C负责到现场检查换流变压器冷却器控制柜电源及控制回路运行情况，值班员E、副值班员F检查上级400V开关情况［携带工具：相机、对讲机、钥匙、照明手电（必要时）］，安排D密切检查监视后台该换流变压器油温及绕组温度（换流变压器油面报警1段定值85℃，换流变压器绕组温度报警 1 段定值 115℃），达到 1 段报警值立即汇报值长（持续），所有到现场检查人员带好对讲机并随时保持沟通，并保持绝对的安全距离。值班长与技术员 A 共同开展监控后台报警信息确认工作，并收集整理现场一、二次检查人员上报的现场检查情况。

b. 现场检查发现极 I 高端 YY-A 换流变压器汇控柜内交流接触器出线汇流母线处有明显烧蚀痕迹，进一步检查发现 B 相汇流母线与 C 相汇流母线间有明显放电点，汇控柜空调停运，柜内温度过高。

3）第二次汇报调度并向站领导推送相关信息。

经现场检查发现极 I 高端 YY-A 换流变压器汇控柜内交流接触器出线汇流母线处有明显烧蚀痕迹，进一步检查发现 B 相汇流母线与 C 相汇流母线间有明显放电点。短时间故障不能处理完成，油温和绕组温度持续上升并超过报警值（换流变压器油面报警 1 段定值 85℃，换流变压器绕组温度报警 1 段定值 115℃），同时，电源丢失期间，换流变压器分接开关电机电源、控制电源均丢失，分接开关无法正常调节，当出现设备故障触发保护降压或需运行人员手动操作降压运行时，分接开关将拒动，引起事故扩大。因此，向国调申请极 I 高端阀组在线退出，转为冷备用进行故障处理。

国调：同意将极 I 高端阀组在线退出，转为冷备用进行故障处理。

（3）故障点隔离。

1）申请调度将极 I 高端阀组在线退出，按照直流场顺控操作将极 I 高端阀组隔离。

2）操作 500kV 交流场将 5041 和 5042 断路器转为冷备用。

（4）整理相关记录，编制"事故快报"。由站内运维专责根据现场信息编制"事故快报"，2020 年 7 月 21 日 15:00:00 极 I 高端 YY-A 两路交流电源失电，TECA/B 柜 YYA 相冷却器全停报警，极 I 高 YYA 相冷却器全停，经检查发现极 I 高端 YY-A 换流变压器汇控柜内交流接触器 B 相汇流母线与 C 相汇流母线间有明显放电点，且短时间故障不能处理完成，油温和绕组温度持续上升并超过报警值（换流变压器油面报警 1 段定值 85℃，换流变压器绕组温度报警 1 段定值 115℃），同时，电源丢失期间，换流变压器分接开关电机电源、控制电源均丢失，分接开关无法正常调节，当出现设备故障触发保护降压或需运行人员手动操作降压运行时，分接开关将拒动，引起事故扩大。因此，向国调申请极 I 高端阀组在线退出，转为冷备用进行故障处理，故障前为双极四换流器大地回线方式运行，输送功率 4000MW，500kV 交流系统运行正常；故障后直流系统双极三换流器（极 I 低端、极 II 高低端）大地回线 4000MW 运行，极 I 高端在冷备用状态，功率转带正常，无损失，500kV 交流系统 5041、5042 断路器在分位，其余正常运行；经站内审核无误后报送运检部。

（5）检修处理工作。站内领导安排相关专业组织抢修，站内检修专业开票处理。

1）检修人员更换故障电缆及接触器，进行电源回路绝缘试验，并验证换流变压器冷却器和分接开关功能。

2）检修人员对站内其他换流变压器汇控柜交流进线电源电缆进行红外测温及外观检查，未发现异常情况。

3）极 I 高端阀组在线投入运行正常。

第二节　油色谱在线监测装置

换流变压器使用的气体在线监测装置型号为 GE（Kelman 系列）。其原理是由脱气装置将变压器油中的氢气、甲烷、乙炔、乙烯、乙烷、一氧化碳、二氧化碳、氧气 8 种气体脱出，然后送入色谱柱进行气体含量分析。由系统电路板统一控制，将色谱柱分析的结果进行对比计算，并将数据由通信模块送到控制楼三楼的后台系统存储。

设备原理：滤光器选择性激发气体—故障气体种类—光声效应强度—故障气体浓度，其结构如图 3-7 所示。

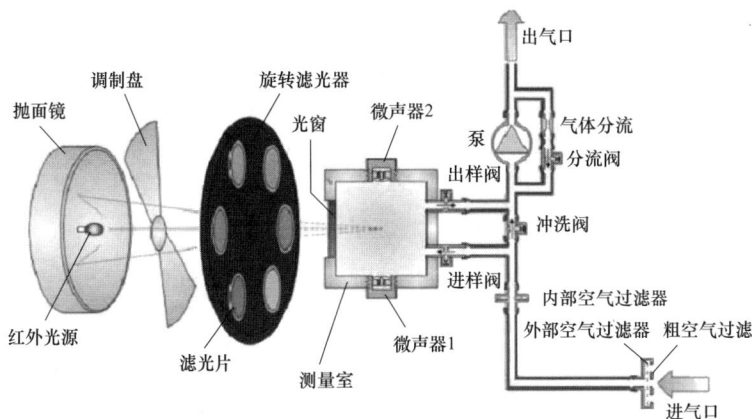

图 3-7　滤光器结构

📚 **案例 2**

极Ⅱ高 YD-A 换流变压器油温、绕组温度高

1．预想事故情况

2020 年 9 月 3 日 15:30，该换流站极Ⅱ高 YD-A 换流变压器油温、绕温高报警。

2．运行方式

2.1　直流系统

（1）双极典型方式一运行，输送功率 4500MW，当前该站为主控站。

（2）极Ⅰ控制保护 A 套（pole one pole control and protection A，P1PCPA）、极Ⅰ高端阀组控制保护（pole one converter C&P A，CCP11A）、极Ⅰ低端阀组控制保护（pole one converter C&P A，CCP12A）、极Ⅱ控制保护 A 套（pole two pole control and protection A，P2PCPA）、极Ⅱ高端阀组控制保护（pole two converter C&P A，CCP21A）、极Ⅱ低端阀组控制保护（pole two converter C&P A，CCP22A）主用，极Ⅱ为控制极。

（3）安全稳定控制装置正常投入运行。

2.2　交流系统

（1）500kV 交流进线Ⅰ线、Ⅱ线、Ⅲ线、Ⅳ线、Ⅴ线、Ⅵ线未投运（相关线路的短引线保护均正常投入）；500kV 交流进线Ⅶ线、Ⅷ线运行，500kV 1 号母线、2 号母线运行，500kV 交流场所有开关运行。

（2）第一、二、三、四大组滤波器母线运行，5611、5612、5613、5623、5631、5641、5643 交流滤波器运行。

（3）750kV 1 号母线、2 号母线运行，750kV 交流进线Ⅰ线、750kV 交流进线Ⅱ线、750kV 交流进线Ⅲ线，750kV 所有断路器运行正常，1 号、2 号、3 号主变压器运行正常，66kV 电容器在冷备用状态，66kV 电抗器在热备状态正常。

（4）110kV 站用变压器、66kV 1 号站用变压器、2 号站用变压器运行，10kV 0 号母线、1 号母线、2 号母线运行。

2.3 站用低压直流系统

站公用站用低压直流系统、极 I 高端阀组站用低压直流系统、极 I 低端阀组站用低压直流系统、极 II 高端阀组站用低压直流系统、极 II 低端阀组站用低压直流系统、500kV 交流场站用低压直流系统、750kV 交流场站用低压直流系统、交流滤波器场站用低压直流系统运行。

2.4 现场天气情况

晴，温度 10℃。

3. 事故处理过程

（1）异常现象。

1）事故警铃响起。

2）重要报文信息：2020 年 9 月 3 日 15:30:54，监盘人员发现 OWS 后台报"S1P2CCP1 A/B 极 II 高端换流变压器 YDA 顶层油温 1 报警 1 出现；S1P2CCP1 A/B 极 II 高端换流变压器 YDA 顶层油温 2 报警 1 出现；S1P2CCP1 A/B 极 II 高端换流变压器 YDA 相绕组温度报警 1 出现"。

3）阀组界面状态：极 II 高端阀组角接 A 相冷却器风扇全启。

4）重要数据界面状态：极 II 高换流变压器 YD-A 顶层油温 1 为 86℃，极 II 高换流变压器 YD-A 顶层油温 2 为 87℃，极 II 高换流变压器 YD-A 绕组温度为 116℃。

5）直流顺控界面状态：直流系统直流双极四换流器大地回线 4500MW 运行正常。

（2）设备检查及分析判断。

1）监控后台检查。值长安排监盘人员 F（见附录）检查和记录事故发生时间、监控系统报文，密切监视极 II 高 YD-A 换流变压器油温/绕组温度的变化，查看并分析历史曲线，每 15min 记录一次所有换流变压器油温/绕组温度。值长安排监盘人员 A 立即通过工业视频查看报警换流变压器。

2）安排人员进行现场检查，若情况属实汇报调度。值班长组织人员向站领导推送相关信息，同时安排人员开展现场检查。

现场检查情况：

a. 值长安排 B、C 立即携带对讲机、相机、设备间钥匙、测温仪，到现场检查报警换流变压器外观和实际油温/绕组温度表计的读数。

b. 检查人员 B、C 记录现场读数：顶层油温 1 为 87℃，顶层油温 2 为 88℃，绕组温度为 117℃。将读数报给监盘人员 F，由 F 进行记录和对比分析，经分析与后台读数一致且有增长趋势。

c. 检查人员 B、C 现场检查发现极 II 高 YD-A 换流变压器冷却器风扇全部启动；使用测温仪测温发现换流变压器本体温度最高 87℃。

d. 监盘人员 F 将数据分析结果汇报值长，值长确定现场读数与 OWS 后台读数均超过报警值，汇报国调、站部领导。值长安排 D、E 对近 3 次报警换流变压器在线油色谱数据进行分析，将分析结果汇报值长作为温度升高的辅助判据。

（3）故障处理。

1）开启喷淋降温系统进行辅助降温，监视油温绕温变化趋势。

2）监视发现所有辅助降温措施无效，且油温绕温持续快速上升，经过对比极 II 高端 6 台换流变压器仅极 II 高 YD-A 换流变压器温升较快，且油浸变压器电弧放电特征气体 H_2、C_2H_2、CH_4 气体含量增长迅速，汇报站领导并申请调度停运极 II 高端换流变压器进行检查。

（4）整理相关记录，编制"事故快报"。由站内运维专责根据现场信息编制"事故快报"，2020 年 9 月 3 日 15:30:54，该换流站极 II 高端换流变压器 YDA 顶层油温 1 I 段告警，顶层油温 2 I 段告警，绕组温度 I 段告警。现场检查极 II 高端换流变压器 YDA 相顶层油温 1 为 87℃，顶层油温 2 为 88℃，超过 I 段告警定值 85℃；现场检查绕组温度 117℃，超过 I 段告警定值 115℃。油浸变压器电弧放电特征气体氢气（H_2）、乙炔（C_2H_2）、甲烷（CH_4）气体含量增长迅速，向调度申请停运极 II 高端换流变压器进行检查。故障设备于 2019 年 1 月 11 日正式投入运行，型号为 ZZDFPZ-509300/500-600，现场天气晴。故障前为双极四换流器大地回线方式运行，输送功率 4500MW，500kV 交流系统运行正常；故障后直流系统双极三换流器（极 I 高低端、极 II 低端）大地回线 4500MW 运行，极 II 高端换流变压器检修状态，功率转带正常，无损失；经站内审核无误后报送运检部。

（5）检修处理工作。站内领导安排相关专业组织抢修，站内检修专业开票工作，对故障设备情况进行详细检查：开展故障设备及相关一次设备例行及诊断性试验，整理现场相关资料。

确定有问题的设备后，准备备品备件及工器具，开展站内抢修工作。如有需要，联系应急抢修单位到站进行处理。

第三节　有载分接开关

特高压换流变压器有载分接开关由以下部分组成：选择开关、切换开关、极性开关、电位开关、过渡电阻、电动操动机构及相关保护元件等。

与常规有载分接开关最大区别在于，特高压分接开关灭弧机构寿命长，维护周期长，大大减少维护工作。

有载分接开关同样也是由切换开关、分接选择器（带极性选择器）组成，并由安装在变压器箱壁上的电动机构经垂直传动轴、伞齿轮盒和水平传动轴传动。图 3-8 为有载分接开关内部结构。

下面就有载分接开关的结构及动作原理分别进行介绍：

（一）切换开关

切换开关的作用是在有载的情况下，实现两个挡位之间的电气切换。其结构由绝缘转轴、快速机构、真空管切换机构和过渡电阻器等组成，如图 3-9 所示。

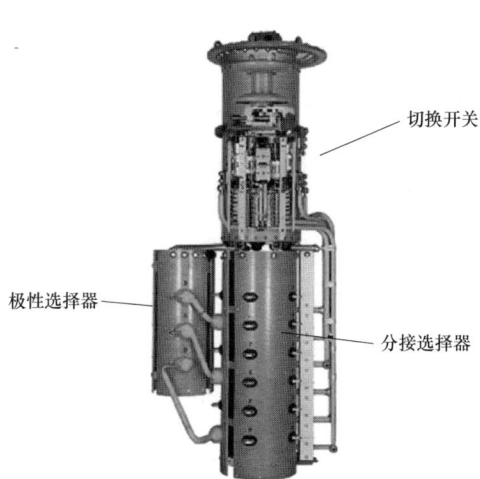

图 3-8　有载分接开关内部结构　　　　图 3-9　切换开关内部结构

1. 绝缘转轴

绝缘转轴是由高绝缘强度绝缘材料制作而成，且有很高的机械强度，承受切换开关动作和选择开关旋转的全部转矩。

2. 快速机构

采用枪机释放原理，并列储能弹簧与触头切换机构刚性连接，分接开关切换时迅速动作，连动真空管动作，快速灭弧。

3．真空开关管

真空开关管是切换的核心元件，如图3-10所示。其工作原理就是在真空中熄灭电弧，缩小了传统灭弧室的结构，而且与油隔离，不会在切换灭弧中使油裂解出碳颗粒，不会对油产生污染。

4．过渡电阻器

在分接开关挡位切换操作过程中，会同时跨接调压绕组的相邻挡位，在相邻挡位间有一个挡位电压等级的电压，从而形成一个环流。为了限制环流，避免两挡间短路，所以在切换回路中加了过渡电阻器。另外，为了保护电阻器，在电阻器加 ZnO 避雷器进行过电压保护。

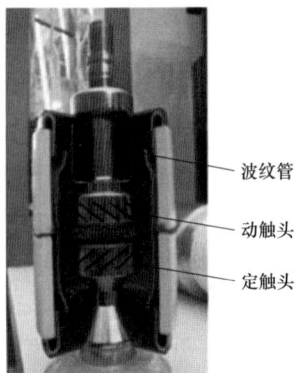

图 3-10　真空开关管结构

（图中标注：波纹管、动触头、定触头）

5．动作过程

有载分接开关是采用快速电阻切换原理，电动机构为驱动切换开关的储能弹簧（枪机机构）储能。储能过程完成时，枪机机构就带动切换开关，实现分接头的换挡操作。枪机机构的快速释放产生的转换时间为 40～60ms。当切换操作时，过渡电阻器将被接入，其负载时间为 20～30ms。一次换挡从电动机构启动到切换开关操作完成，总时间在 3～10s 的范围内，具体操作顺序原理见图 3-11。

组成切换开关的动、静触头系统如下：

（1）MSV 的主通断触头（真空断流器）、主支路：一组触头，这组触头与变压器绕组之间没有过渡阻抗，这些触头必须接通与开断电流。

（2）MC 的 A、B 主触头：一组承载通过电流的触头，它们与变压器绕组间没有过渡阻抗。这些触头不开短电流，它们通常是用铜或银铜制成。

（3）TV 过渡触头（真空断流器）、过渡支路：一组触头，这组触头与过渡阻抗相串联。这些触头必须接通和开断电流。

（4）TTF 转移开关，过渡支路。

（5）MTF 转移开关，主支路。

（6）ZnO 氧化锌避雷器。

（7）R 过渡电阻。

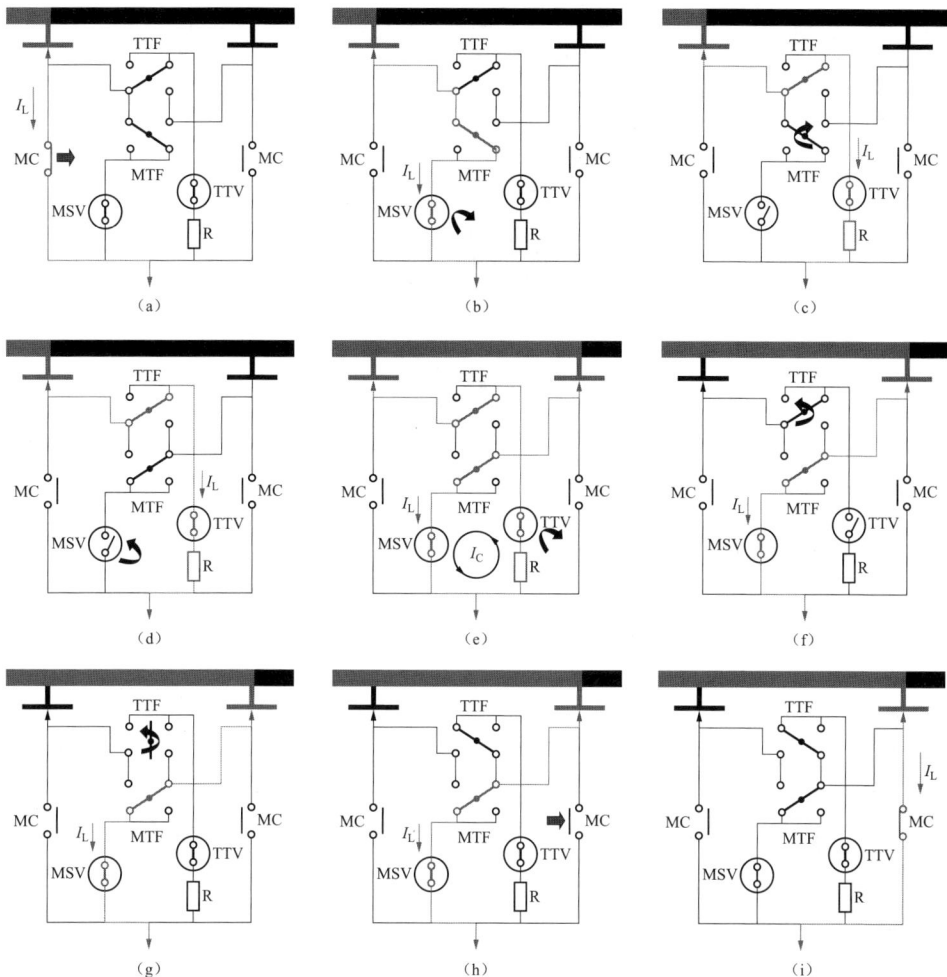

图 3-11 切换开关的操作顺序原理（从 n 挡切换到 $n+1$ 挡，即升挡）

（a）主触头 MC A 在导通位置上，并承载通过的电流；（b）断开主触头 MCA，主通断触头 MSV 短接过渡触头并承载过渡电流；（c）断开主通断触头 MSV，切断通过电流，这时通过电流流经过渡触头 TTV 和电阻器 R；（d）转移开关 MTF 打到图中位置；（e）合上主通断触头 MSV，循环电流开始流动；（f）断开过渡触头 TTV；（g）合上过渡触头 TTV，为下一次动作做准备；（h）旋转 TTF 开关到图中显示位置，为下一次动作做准备；（i）合上主触头 MCB，动作结束

（二）分接选择器

分接选择器由极性选择器、齿轮机构、带接线端子的绝缘条笼、带有相应驱动管和扇形件的桥式触头组成。分接选择器中心轴的周围布置有若干个定触头（分接选择器端子），而在分接选择器的中心轴上装设动触头，并由中心轴带

动动触头，动触头经由集流环通过分接选择器连线连接到切换开关上。分接选择器采用筒式结构，增加分接选择器结构强度，如图 3-12 所示。

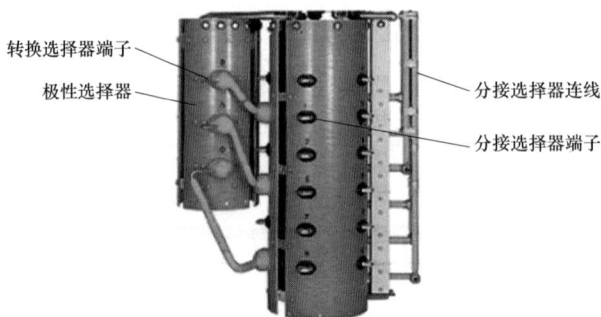

图 3-12　分接选择器结构

（三）电动操动机构

有载分接开关电动机构由箱体、传动机构、控制机构和电气控制设备组成，其功能是在有载分接开关需要动作的时候，给切换开关和选择开关提供恰当的转矩。只有在电动机构操作完成一挡后，才可能进行下一次换挡操作。电动操动机构的结构如图 3-13 所示。

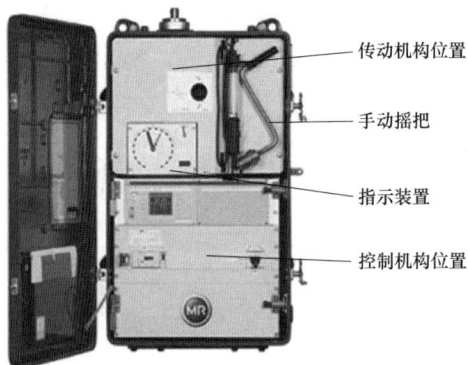

图 3-13　电动操动机构

（四）OF100 在线滤油机

在有载分接开关加在线滤油机是为了使油循环，通过油来散掉因切换开关部分操作后电阻产生的热量，防止因有载频繁切换导致的油温上升，影响切换开关的性能。

（五）有载分接开关保护配置

有载分接开关的保护配置包括油流继电器 RS2001、截止阀、储油柜、压力释放阀，如图 3-14 所示。

（六）动作原理

有载分接开关在变压器励磁或负载状态下进行操作，当一次绕组侧电压波动时，调换绕组的分接连接位置，改变换流变压器一、二次绕组的匝数比，使二次侧的电压稳定在一个规定范围内。一般有载分接开关都连接在一次绕组的中性点分接绕组上，大大降低了有载分接开关的绝缘成本。如图 3-15 所示为有载分接开关动作原理示意。

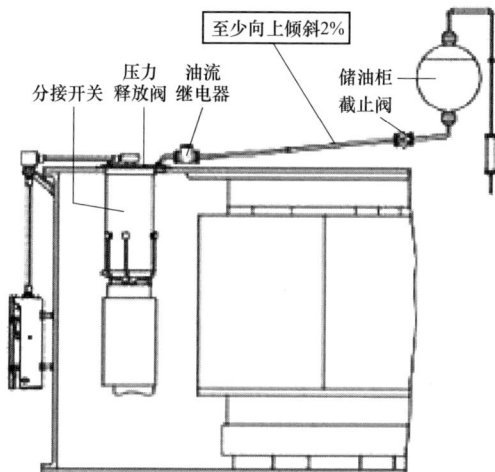

图 3-14　有载分接开关保护配置

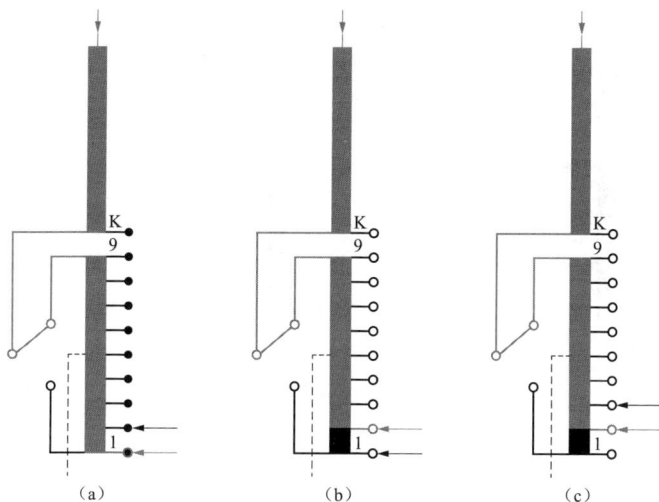

图 3-15　有载分接开关动作原理示意（1 挡升到 2 挡的动作过程）

（a）此时单数抽头在 1 挡位置上，承载电流；（b）通过切换开关把电流转换到单数抽头 2 挡位置上；

（c）单数抽头在无电流的情况下从第 1 挡过渡到第 3 挡，为下一次操作做准备

为了增大有载分接开关的调节范围，尽量降低绕组抽头的个数。目前普遍使用的是在有载分接开关增加极性开关，采用正反调压方式，使调节挡位变为没加之前的 2 倍+1 挡。如图 3-16 所示为有载分接开关极性开关动作原理

示意。

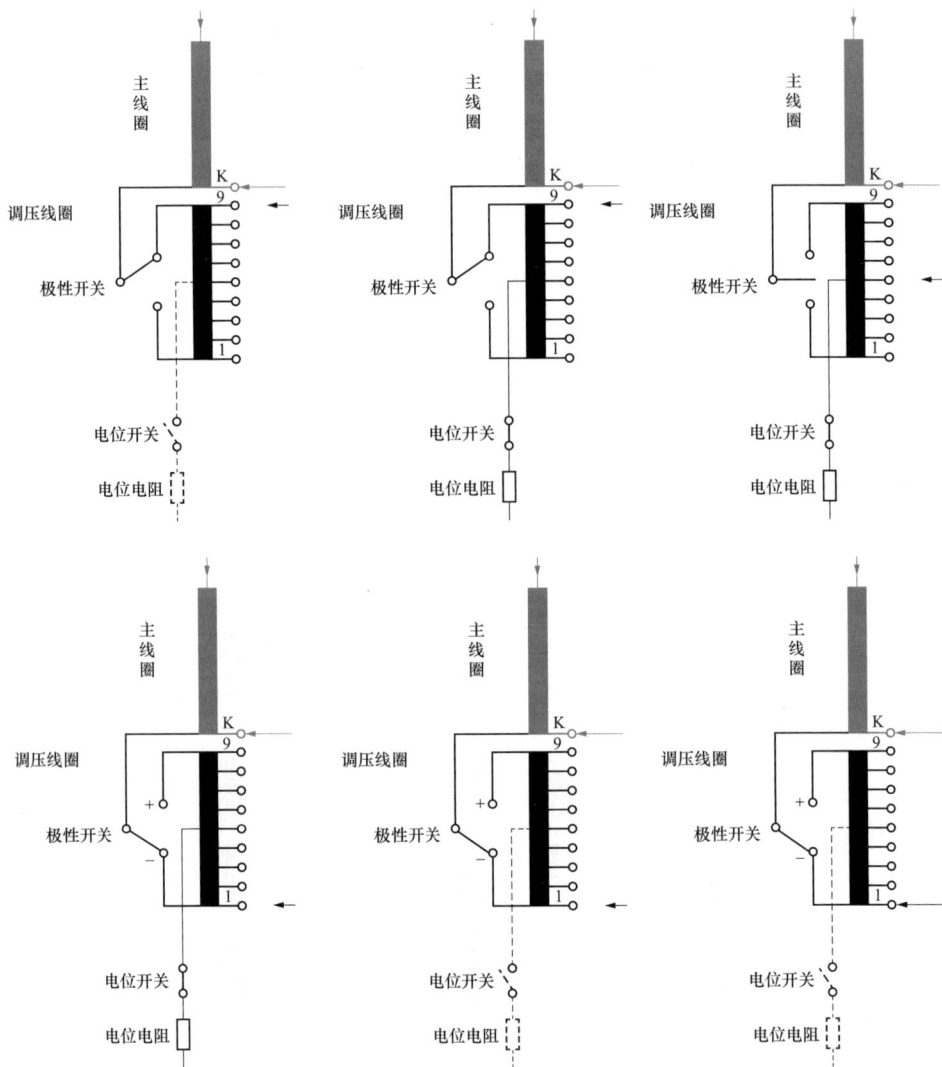

图 3-16　有载分接开关极性开关动作原理示意（"+"到"-"的转换）

（a）当极性开关在"+"时，调压绕组与主绕组绕向相同，感应磁通方向相同，感应电动势相加，因此
在 9 时，绕组匝数最多；（b）在极性开关动作前，先闭合电位电阻的电位开关，以减小由调压绕组
悬浮而引起极性开关动静触头之间的持续放电；（c）极性开关打到中间位置，此时切换选择开关另一
触头向抽头 0 动作；（d）极性开关继续动作，由"+"、切换到"-"，下一挡调压绕组与主绕组绕向
相反，感应磁通方向相反，感应电动势相减；（e）电位开关与极性开关之间通过机械配合，在极性开关闭合
后再断开；（f）合上选择开关，动作完成，极性开关由、"+"到"-"的相互切换，正调压变成反调压

案例 3

极Ⅱ低 YD-C 相换流变压器分接开关轻瓦斯动作跳闸

1．预想事故情况

2021 年 3 月 17 日 15:30，该换流站极Ⅱ低 YD-C 相换流变压器分接开关轻瓦斯动作跳闸，导致极Ⅱ低端换流器闭锁。

2．运行方式

2.1 直流系统

（1）双极典型方式一运行，输送功率 4000MW，当前该站为主控站。

（2）极Ⅰ控制保护 A 套（pole one pole control and protection A，P1PCPA）、极Ⅰ高端阀组控制保护（pole one converter C&P A，CCP11A）、极Ⅰ低端阀组控制保护（pole one converter C&P A，CCP12A）、极Ⅱ控制保护 A 套（pole two pole control and protection A，P2PCPA）、极Ⅱ高端阀组控制保护（pole two converter C&P A，CCP21A）、极Ⅱ低端阀组控制保护（pole two converter C&P A，CCP22A）主用，极Ⅱ为控制极。

（3）安全稳定控制装置正常投入运行。

2.2 交流系统

（1）500kV 交流进线Ⅰ线、Ⅱ线、Ⅲ线、Ⅳ线、Ⅴ线、Ⅵ线未投运（相关线路的短引线保护均正常投入）；500kV 交流进线Ⅶ线、Ⅷ线运行，500kV 1 号母线、2 号母线运行，500kV 交流场所有断路器运行。

（2）第一、二、三、四大组滤波器母线运行，5611、5613、5621、5622、5623、5643 交流滤波器运行。

（3）750kV 1 号母线、2 号母线运行，750kV 交流进线Ⅰ线、750kV 交流进线Ⅱ线、750kV 交流进线Ⅲ线，750kV 所有断路器运行正常，1 号、2 号、3 号主变压器运行正常，66kV 电容器在冷备用状态，66kV 电抗器在热备状态正常。

（4）110kV 站用变压器、66kV 1 号站用变压器、2 号站用变压器运行，10kV 0 号母线、1 号母线、2 号母线运行。

2.3 站用低压直流系统

站公用站用低压直流系统、极Ⅰ高端阀组站用低压直流系统、极Ⅰ低端阀

组站用低压直流系统、极Ⅱ高端阀组站用低压直流系统、极Ⅱ低端阀组站用低压直流系统、500kV 交流场站用低压直流系统、750kV 交流场站用低压直流系统、交流滤波器场站用低压直流系统运行。

2.4 现场天气情况

沙尘天气带小雨，环境温度 7℃。

3．事故处理过程

（1）异常现象。

1）事故警铃响起。

2）重要报文信息：2021 年 3 月 17 日 15:30:42，监盘人员发现 OWS 后台报"SIP2CCP2 A 极Ⅱ低端换流变压器 YDC 相有载开关轻瓦斯跳闸动作；SIP2CCP2 B 极Ⅱ低端换流变压器 YDC 相有载开关轻瓦斯跳闸动作；SIP2CCP2 A "三取二"逻辑保护发出锁定交流断路器命令出现、SIP2CCP2 A "三取二"逻辑 保护发出跳交流断路器命令出现；SIP2CCP2 A 值班主机 CCP PAM 锁定交流断路器命令 出现，CCP PAM 跳交流断路器命令出现，SIP2CCP2 A/B 非电量保护请求换流器 Y 闭锁，"三取二"逻辑 换流器 Y 闭锁命令出现，闭锁顺序换流器 Y 闭锁命令出现，SIP2CCP2 A/B 非电量保护 A/B/C 套出现，SIP2CCP2 A/B 保护切除极 2 低换流变压器 YDC 相冷却器命令出现"。

3）交流场界面状态：极Ⅱ低换流变压器进线 5061、5062 断路器跳开并锁定。

4）直流场界面状态：极Ⅱ低换流器闭锁，极Ⅱ低旁通开关（bypass switch，BPS）在合位、旁通隔离开关（bypass isolating-switch，BPI）在分位状态等；极Ⅰ高低端阀组、极Ⅱ高端阀组运行正常。

5）直流顺控界面状态：直流系统双极三换流器大地回线 4000MW 运行，功率转带正常，无损失。

（2）设备检查及分析判断。

1）监控后台检查。值长安排监盘人员检查和记录事故发生时间、监控系统报文、设备状态的变换、功率转带、系统有无电压、潮流越限的情况等信息，确认信息记录是否正确完备。

2）汇报调度并安排人员进行现场一、二次设备检查。值班长组织人员汇报调度，向站领导推送相关信息，同时安排人员开展现场一、二次设备检查。

a. 一次设备检查情况：

值长安排监盘人员 A、D（见附录）调整工业视频查看极Ⅱ低端换流变压器 YD-C 相现场情况，第一时间通知驻站消防队队长赶赴现场驻守，若无火情按以下处理：

a）值长安排巡视人员 B、C 穿雨衣、绝缘鞋，带对讲机查看极Ⅱ低端换流变压器 YD-C 相分接开关动作情况，查看换流变压器本体及分接开关本体情况，查看气体继电器动作情况，通知检修人员查看故障点是否真实，检查发现气体继电器浮球未动作。

b）巡视人员赶赴 500kV GIS 查看 5061 和 5062 断路器电气指示和机械指示均在分位，在 500kV 2 号继电器室查看 5061 和 5062 断路器保护装置上显示为分位。

c）通过检修人员对换流变压器分接开关取油样进行离线分析检查，未发现油样异常气体超标。

b. 二次设备检查情况：

a）现场查看极Ⅱ高端阀组保护主机 A、B、C，极Ⅱ低端阀组保护主机 A、B、C 均无异常告警，保护装置运行指示灯点亮，装置外观光纤接线无异常，查看 500kV 2 号继电器室内开关保护屏，5061、5062 断路器保护屏操作箱上三相分闸指示灯均点亮，第一、二组跳闸出口指示灯也点亮，装置显示状态正常，查看南瑞控保程序发现确实有气体继电器动作。检修人员对二次回路进行检查，在极Ⅱ低端换流变压器接口柜内将 YD-C 相换流变压器分接开关气体继电器外部电缆接线解开，对电缆进行绝缘测试，电缆芯间绝缘仅为 50kΩ，绝缘性能严重下降。

b）打开分接开关气体继电器二次接线盒，内部有明显潮气。进一步检查发现，接线工艺不合格，二次电缆未直接穿入格兰头，只是二次线芯使用绝缘胶带缠绕包裹后，穿入二次接线盒格兰头，长期运行后绝缘胶带松脱，导致接线盒电缆穿孔处存在缝隙。因近期多雨，温差大、湿度高，水汽通过缝隙进入接线盒内部，导致接线盒内部受潮，电缆芯间绝缘下降，气体继电器保护误动作。

3）第二次汇报调度并向站领导推送相关信息。汇报调度并申请将极Ⅱ低端转为检修状态，对极Ⅱ低端气体继电器回路进一步详细检查及处理。

（3）故障点隔离。

1）申请调度将极Ⅱ低端换流器转检修，按照直流场顺控操作将极Ⅱ低端阀组隔离。

2）操作 500kV 交流场将 5061 和 5062 断路器转为冷备用。

3）合上 506167 接地开关，将极Ⅱ低端换流器转检修。

（4）整理相关记录，编制"事故快报"。由站内运维专责根据现场信息编制"事故快报"，2021 年 3 月 17 日 15:30:42 该换流站极Ⅱ低端 YD-C 相换流变压器分接开关轻瓦斯跳闸动作，导致极Ⅱ低端换流器闭锁；故障设备于 2019 年 1 月 11 日正式投入运行，型号为 VRG Ⅱ1302-72.5/E-16313W，现场天气情况为沙尘天气带小雨，故障前为双极四换流器大地回线方式运行，输送功率 4000MW，500kV 交流系统运行正常；故障后直流系统双极三换流器（极Ⅰ高低端、极Ⅱ高端）大地回线 4000MW 运行，极Ⅱ低端换流器检修状态，功率转带正常，无损失，500kV 交流系统 5061、5062 断路器跳闸并锁定，站内其余设备正常运行；经站内审核无误后报送运检部。

（5）检修处理工作。站内领导安排相关专业组织抢修，站内检修专业开票工作，对故障设备跳闸情况进行详细检查：开展故障设备电缆及相关一次设备开展例行及诊断性试验，整理现场相关资料。

确定有问题的设备后，准备备品备件及工器具，开展站内抢修工作。如有需要，联系应急抢修单位到站进行处理。

第四节　套　　管

套管由分网侧套管和阀侧套管，网侧套管又分高压侧套管和中性点套管。网侧套管采用瓷质伞裙式油纸电容式套管，并有易于从地面检查油位的储油柜油位计，顶部接线端子可变换方向。阀侧套管分上、下两套管，根据阀侧对地绝缘等级不同，选择不同绝缘强度等级的阀侧套管。阀侧套管采用复合硅橡胶绝缘材料，内空并充 SF_6 气体，并有 SF_6 压力表进行时时监视或报警。

（一）网侧套管

网侧套管内部采用的是油纸绝缘电容式结构，其主绝缘由油浸式芯子构成，芯子被绝缘油包裹。外部采用伞裙式瓷质材料，有效增大爬电距离。图 3-17 为油纸绝缘电容式套管结构。

油纸绝缘电容式结构的套管，在运行时，其末屏必须接地，钳住末屏电位，防止电容屏击穿，确保套管安全运行。

（二）阀侧套管

阀侧套管内部采用的是复合硅橡胶材料绝缘电容充气式结构，外部采用伞裙式复合硅橡胶材料，有效增大爬电距离。图 3-18 为阀侧套管结构。

阀侧套管的末屏也同样需要接地。在换流变压器的中性点偏移保护中，需要换流变压器套管的电压量，该保护就从以上 4 种类型套管的末屏上取信号，这就导致以上 4 种类型套管的末屏接线与其他阀侧套管末屏的接线有所不同。

阀侧套管内部充入 SF_6 气体。每根阀侧套管配置一个 SF_6 密度继电器，该继电器内部的信号接点设置：1 个 SF_6 压力报警（2.4bar），2 个跳闸（1.0bar）。

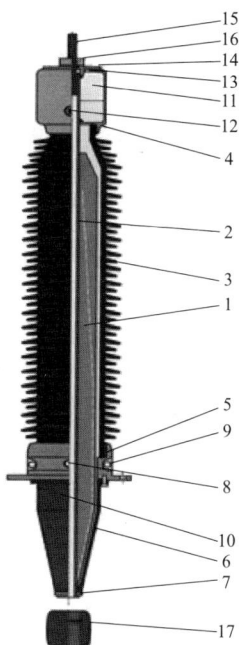

图 3-17　网侧油纸绝缘电容式套管结构

1—绝缘主体；2—导电杆；3—绝缘外壳；

4—将军帽；5—法兰；6—复合硅橡胶材料；

7—导电杆连接法兰；8—末屏；9—吊点；

10—安装法兰面；11—氮气室；12—油位观察窗；

13—将军帽顶部密封；14—导电杆；15—导电杆

引出棒；16—导电杆引出棒卡套；17—均压帽

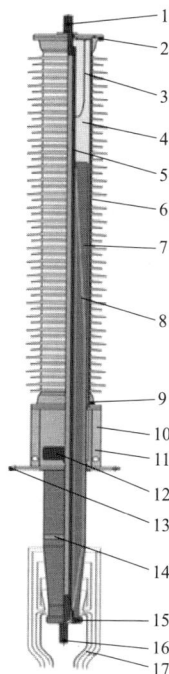

图 3-18　阀侧套管

1—导电杆引出棒；2—将军帽；3—外接电压测量

导线；4—SF_6 气室；5—导电杆；6—复合硅橡胶

材料；7—套管绝缘主体；8—铝箔；9—绝缘基座；

10—套管加强梁；11—SF_6 充气口；12—末屏；

13—安装法兰面；14—均压带环；15—导电杆

底部连接法兰面；16—导电杆底部引出棒；

17—均压管

案例 4

极Ⅰ低 YD-A 相换流变压器网侧高压套管炸裂引发火灾

1. 预想事故情况

2021 年 8 月 17 日 15:30，该换流站极Ⅰ低 YD-C 相换流变压器网侧高压套管炸裂，导致极Ⅰ低端换流器闭锁。

2. 运行方式

2.1 直流系统

（1）双极典型方式一运行，输送功率 5000MW，当前该站为主控站。

（2）极Ⅰ控制保护 A 套（pole one pole control and protection A，P1PCPA）、极Ⅰ高端阀组控制保护（pole one converter C&P A，CCP11A）、极Ⅰ低端阀组控制保护（pole one converter C&P A，CCP12A）、极Ⅱ控制保护 A 套（pole two pole control and protection A，P2PCPA）、极Ⅱ高端阀组控制保护（pole two converter C&P A，CCP21A）、极Ⅱ低端阀组控制保护（pole two converter C&P A，CCP22A）主用，极Ⅱ为控制极。

（3）安全稳定控制装置正常投入运行。

2.2 交流系统

（1）500kV 交流进线Ⅰ线、Ⅱ线、Ⅲ线、Ⅳ线、Ⅴ线、Ⅵ线未投运（相关线路的短引线保护均正常投入）；500kV 交流进线Ⅶ线、Ⅷ线运行，500kV 1 号母线、2 号母线运行，500kV 交流场所有断路器运行。

（2）第一、二、三、四大组滤波器母线运行，5611、5613、5621、5622、5623、5643 交流滤波器运行。

（3）750kV 1 号母线、2 号母线运行，750kV 交流进线Ⅰ线、750kV 交流进线Ⅱ线、750kV 交流进线Ⅲ线，750kV 所有断路器运行正常，1 号、2 号、3 号主变压器运行正常，66kV 电容器在冷备用状态，66kV 电抗器在热备状态正常。

（4）110kV 站用变压器，66kV 1 号站用变压器、2 号站用变压器运行，10kV 0 号母线、1 号母线、2 号母线运行。

2.3 站用低压直流系统

站公用站用低压直流系统、极Ⅰ高端阀组站用低压直流系统、极Ⅰ低端阀组站用低压直流系统、极Ⅱ高端阀组站用低压直流系统、极Ⅱ低端阀组站用低压直流系统、500kV 交流场站用低压直流系统、750kV 交流场站用低压直流系统、交流滤波器场站用低压直流系统运行。

2.4　现场天气情况

晴，环境温度 35℃。

3．事故处理过程

（1）异常现象。

1）事故警铃响起。

2）重要报文信息：2021 年 8 月 17 日 15:30:42，监盘人员发现 OWS 后台报 "SIP1CPR2 A 换流变压器保护大差工频变化量差动三项动作、大差比例差动 C 项动作、大差工频变化量差动动作、大差比例差动动作、角接小差工频变化量差动三项动作、小差比例差动 C 项动作、小差工频变化量差动动作、小差比例差动动作，极Ⅰ低端阀组闭锁信号出现动作；"三取二"逻辑保护发出锁定交流断路器命令出现、SIP1CCP2 A "三取二"逻辑保护发出跳交流断路器命令出现；SIP1CCP2 A 值班主机 CCP PAM 锁定交流断路器命令出现，CCP PAM 跳交流断路器命令出现，SIP1CCP2 A/B 非电量保护请求换流器 V 闭锁，"三取二"逻辑换流器 V 闭锁命令出现，闭锁顺序换流器 V 闭锁命令出现，SIP1CCP2 A/B 非电量保护 A/B/C 套出现，SIP1CCP2 A/B 保护切除极Ⅰ低换流变压器 YD-C 相冷却器命令出现"。

3）交流场界面状态：极Ⅰ低换流变压器进线 5052、5053 断路器跳开并锁定。

4）直流场界面状态：极Ⅰ低换流器闭锁，极Ⅰ低 BPS 在合位、BPI 在分位状态等；极Ⅱ高低端阀组、极Ⅱ高端阀组运行正常。

5）直流顺控界面状态：直流系统双极三换流器大地回线 5000MW 运行，功率转带正常，无损失。

6）消防主机后台：极Ⅰ低 YD-C 相两套感温电缆动作。

（2）设备检查及分析判断。

1）监控后台检查。值长安排监盘人员检查和记录事故发生时间、监控系统报文、设备状态的变换、功率转带、系统有无电压、潮流越限的情况等信息，确认信息记录是否正确完备。

2）汇报调度并安排人员进行现场一、二次设备检查。值班长组织人员汇报调度，向站领导推送相关信息，同时安排人员开展现场一、二次设备检查。

a．值长安排监盘人员 A（见附录）调整工业视频查看极Ⅰ低端换流变压器

YD-C 相现场情况，第一时间通知驻站消防队队长赶赴现场驻守，组织人员开展紧急救火，具体人员分工见附录。

b. 值班员 F（见附录）使用全站语音呼叫系统，广播着火位置及人员撤离警报，通知门卫值班室（内线电话 1988）将进站大门打开方便站外消防队员快速进入，抽调人员赴现场配合灭火，同时加强人员进出站管理。

二次设备检查情况：现场查看极Ⅰ低端阀组保护主机 A、B、C 告警，保护装置运行指示灯点亮，装置外观光纤接线无异常，查看 500kV 1 号继电器室内开关保护屏，5052、5053 断路器保护屏操作箱上三相分闸指示灯均点亮，第一、二组跳闸出口指示灯也点亮，装置显示状态正常。

（3）现场处置。

1）值班员 A（手机拨打电话）拨打 119 火警电话：交代着火地点，燃烧物为电力变压器绝缘油，共有 1 台变压器正在燃烧，与它相邻的变压器有 5 台，每台变压器油约 120t，请立即派泡沫消防车支援灭火，报警人姓名××，联系电话为手机号码；值班员 D 立即赶赴现场确认 5052、5053 断路器断开情况。

2）值班员 A 调整工业视频持续并对准极Ⅰ低 YD-C 相及阀厅，确认设备着火及泡沫系统启动情况。待值长确认换流变压器排油系统是否需要后执行启动排油操作。若泡沫消防系统未启动，值班员 F、值班员 E 在消防后台启动，并在消防控制零台启动消防炮对准着火换流变压器进行辅助灭火。

3）B、C 现场检查设备火情及泡沫灭火系统启动情况，若后台启动不成功，则 B、C 到相应泡沫消防间现场手动启动。值班员 F 和值班员 E 检查直流系统是否停运，换流变压器是否停电，若未停运或停电，立即紧急停运着火阀组，值长将紧急停运信息汇报调度及站内领导。

4）值长 S 立即汇报调度申请停运极Ⅱ低端阀组，极Ⅰ高端阀组，汇报国调及换流站领导，并申请主控站转移至对站，同时申请将 5052、5053 断路器转冷备用。值班员 F 通知站内检修人员配合灭火，将站内存储的泡沫原液运至现场，要求其配合现场其他的灭火工作。

5）驻站消防队伍队长接到火警电话时，应立即组织消防人员开展灭火，指挥两辆驻站消防车按照预定消防车停放位置，待接到值班员 B 可以喷泡沫灭火的许可后，立即开展喷泡沫灭火，B、C 配合消防员通过附近消防栓、平衡水池抽水泵补充消防水。

6）B、C 留在现场协调灭火，严禁无关人员擅入火灾现场，告知消防队员设备带电情况，严禁越过警戒线灭火，防止人员受伤害。消防队长现场指挥确保喷淋灭火时保证泡沫不间断，泡沫用尽前禁止用水喷淋灭火。待消防栓已接好、消防车开始喷射灭火，C及时去泵房手动启动两台消防泵提高消防管网供应能力，手动启动原水泵经旁路对工业消防水池补水，手动启动深井泵。

7）值班员D、E依次断开极I低端换流变压器YD-C相的上级400V交流电源、110V直流电源，换流变压器着火还需停运阀冷系统，并检查极I低端阀厅空调排烟系统关闭到位。

8）极I低端阀组检修后，当值班长根据火势情况判断人员能否进入阀厅灭火，具备灭火条件时值班员D、E打开阀厅大门引领3号消防车进入阀厅对着火换流变压器封堵处喷水降温并架设消防自摆炮进行自动灭火降温。

9）值班员D、E对一次、二次设备动作情况进行检查，确认状态正常后会同B现场参与灭火。119消防队到站后，值班员B配合组织现场消防任务交接。灭火过程中A密切监视阀厅及阀厅隔墙。

10）值班员B密切注意故障变压器的进线和进线避雷器，防止进线断线和避雷器断裂伤人，所有现场人员不得站立在跳线正下方。

11）当明火扑灭以后，继续对着火设备冷却，直至消防部门确认火势已完全扑灭设备不会复燃。

（4）整理相关记录，编制"事故快报"。由站内运维专责根据现场信息编制"事故快报"，2021年8月17日15:30:42该换流站极I低端YDC相流变压器大差保护动作，网侧高压套管炸裂，起火导致极I低端换流器闭锁；故障设备于2019年1月11日正式投入运行，型号为BRDLW-550/2500-3，现场天气情况为晴，故障前为双极四换流器大地回线方式运行，输送功率5000MW，500kV交流系统运行正常；故障后直流系统双极三换流器（极II高低端、极I高端）大地回线运行，申请将极I低端换流器检修状态，极II低端阀组，极I高端阀组停运，损失2500MW，500kV交流系统5052、5053断路器跳闸并锁定，站内其余设备正常运行；生产区域火灾的信息发布和舆情引导工作由国家电网有限公司和国网内蒙古东部电力有限公司统一组织，检修分公司将信息内容上报国网内蒙古东部电力有限公司，根据事件分级，由国网内蒙古东部电力有限公司组织对外发布。

（5）后续处理工作。生产区域火灾应急处置工作结束后，积极组织受损电力设施、场所和生产秩序的恢复重建工作。恢复重建工作根据事件分级，由公司应急指挥部组织领导。对于重点部位和特殊区域，可按照"差异化"原则，

提出解决建议和意见，按有关规定报批实施

第五节 气体继电器

主变压器气体继电器，分别位于本体储油柜和本体油箱之间的连接管道、调压补偿变和调压补偿变油箱之间的连接管道。

气体继电器由一个包含安装在顶部的报警和跳闸装置的铝盒组成。在盒的两侧都预备了 2 个可视窗口。上方的可视窗口有立方厘米的刻度，可以显示出被收集气体的体积。可视窗口配有带铰链的金属盖。释放收集气体的阀门安装在盒的顶盖上。盖子上有 1 个测试旋钮，是为了报警和跳闸装置的手动测试，当不使用的时候用 1 个簧帽保护。气体继电器有两级保护，第一级为轻瓦斯保护，只发报警信号；第二级保护为重瓦斯保护，发报警，且发生跳闸信号。气体继电器的原理如下：

（1）轻瓦斯动作原理。变压器在因为发生电弧、短路和过热时产生大量气体，气体聚集在气体继电器上部，使油面降低。当油面降低到一定程度时，上浮球下沉，使控制触点接通，发出报警信号。

（2）重瓦斯动作原理。变压器内部严重故障（例如电弧）时，换流变压器油的体积会急剧增大，油流冲击挡板，挡板偏转并带动板后的联动杆转动上升，使控制触点接通，发出跳闸信号。而当换流变压器在因为发生电弧、短路和过热时产生大量气体时，气体聚集在气体继电器上部，使油面降低。当油面降低到一定程度时，上浮球与下浮球均下沉，使控制触点接通，发出跳闸信号。气体继电器的照片如图 3-19 所示。

图 3-19 气体继电器的照片

案例 5

750kV 1 号主变压器本体差动、重瓦斯动作跳闸

1. 预想事故情况

2020 年 2 月 23 日 15:08，750kV 1 号主变压器本体差动、重瓦斯动作跳闸。

2. 运行方式

2.1 直流系统

（1）双极典型方式一运行，输送功率 2000MW，当前该站为主控站。

（2）极Ⅰ控制保护 A 套（pole one pole control and protection A，P1PCPA）、极Ⅰ高端阀组控制保护（pole one converter C&P A，CCP11A）、极Ⅰ低端阀组控制保护（pole one converter C&P A，CCP12A）、极Ⅱ控制保护 A 套（pole two pole control and protection A，P2PCPA）、极Ⅱ高端阀组控制保护（pole two converter C&P A，CCP21A）、极Ⅱ低端阀组控制保护（pole two converter C&P A，CCP22A）主用，极Ⅱ为控制极。

（3）安全稳定控制装置正常投入运行。

2.2 交流系统

（1）500kV 交流进线Ⅰ线、Ⅱ线、Ⅲ线、Ⅳ线、Ⅴ线、Ⅵ线未投运（相关线路的短引线保护均正常投入）；500kV 交流进线Ⅶ线、Ⅷ线运行，500kV 1 号母线、2 号母线运行，500kV 交流场所有断路器运行。

（2）第一、二、三、四大组滤波器母线运行，5611、5612、5613、5623 交流滤波器运行。

（3）750kV 1 号母线、2 号母线运行，750kV 交流进线Ⅰ线、750kV 交流进线Ⅱ线、750kV 交流进线Ⅲ线，750kV 所有断路器运行正常，1 号、2 号、3 号主变压器运行正常，66kV 电容器在冷备用状态，66kV 电抗器在热备状态正常。

（4）110kV 站用变压器，66kV 1 号站用变压器、2 号站用变压器运行，10kV 0 号母线、1 号母线、2 号母线运行。

2.3 站用低压直流系统

站公用站用低压直流系统、极Ⅰ高端阀组站用低压直流系统、极Ⅰ低端阀组站用低压直流系统、极Ⅱ高端阀组站用低压直流系统、极Ⅱ低端阀组站用低压直流系统、500kV 交流场站用低压直流系统、750kV 交流场站用低压直流系统、交流滤波器场站用低压直流系统运行。

2.4 现场天气情况

晴，温度 10℃。

3. 事故处理过程

（1）异常现象。

1）事故警铃响起。

2）重要报文信息：2020 年 2 月 23 日 15:08，监盘人员发现 OWS 后台报 "S1ATC1 A/B 保护 D 柜保护动作出现；S1ATC1 A/B 保护 A 柜保护动作出现；S1ATC1 A/B 保护 C 柜 66kV 操作箱第二组出口跳闸出现；S1ACC71 A/B WA.W1.Q1（7511）断路器保护 CBP711 C 相跳闸出现；S1ACC71 A/B；WA.W1.Q1（7511）断路器保护 CBP711 A 相跳闸出现；S1ACC71 A/B WA.W1.Q1（7511）断路器保护 CBP711 B 相跳闸出现；S1ATC1 A/B 保护 C 柜 66kV 操作箱第一组出口跳闸出现；S1ACC71 A/BWA.W1.Q1（7511）断路器闭锁重合闸报警出现；S1ACC71 A/B WA.W1.Q1（7511）断路器保护 CBP711 第一组出口跳闸出现；S1ATC1 A/BWA.T1.Q1（6601）断开；S1ACC71 A/BWA.W1.Q1（7511）分；S1ATC1 A/B 保护 C 柜主体变压器速动油压继电器跳闸 1 出现；S1ATC1 A/B 保护 C 柜主体变压器速动油压继电器跳闸 2 出现；S1ATC1 A/B 保护 C 柜 66kV 断路器事故总信号出现；S1ATC1 A/B A 相主体变压器轻瓦斯报警出现；S1ATC1 A/B 保护 C 柜主体变压器重瓦斯跳闸 1 出现；S1ATC1 A/B 保护 C 柜主体变重瓦斯跳闸 2 出现；S1ATC1 A/B A 相主体变压器压力释放阀 2 报警出现；S1ATC1 A/B A 相主体变压器压力释放阀 1 报警出现；S1ATC1 A/B 保护 C 柜主体变压器速动油压继电器跳闸 1 出现；S1ATC1 A/B 保护 C 柜主体变压器速动油压继电器跳闸 2 出现"。

3）750kV 主变压器现场：750kV 1 号主变压器 A 相主体变压器上部有大量油迹。

4）直流顺控界面状态：直流系统双极四换流器大地回线 2000MW 运行正常。

（2）设备检查及分析判断。

1）监控后台检查。值长安排人员检查 OWS 后台及工业视频。

2）安排人员进行现场检查，若情况属实汇报调度。值长组织人员向站领导推送相关信息，同时安排人员开展现场检查。

一次现场检查情况：

a. 值长安排 B、C（见附录）立即携带对讲机、相机、设备间钥匙、测温仪，到现场检查 750kV 1 号主变压器主体变压器区域现场检查发现 750kV 1 号主变压器 A 相主体变压器挡油池内有油迹（主体变压器压力释放阀动作）；7511、6611 断路器三相分闸；视频监控发现 750kV 1 号主变压器 A 相主体变压器上部有大量油迹。

b. 现场手动启动在线油色谱分析，显示 C_2H_2 含量为 757.5PPM，H_2 含量为 6526.6PPM，CH_4 含量为 1042.9PPM、C_2H_6 含量为 82.2PPM，C_2H_4 含量为 814.1PPM。

二次现场检查情况：现场检查 750kV 继电器小室 750 kV 1 号继电器室内检查 1 号主变压器电气量保护装置 A/B 套均为电气量分侧差动、纵差变化量差动、分相变化量差动保护动作；查看故障录波，1 号主变压器高压侧套管 A 相故障前电流为 345A，电流最大值达到 11529A。

（3）故障处理。将 750kV 1 号主变压器及主变压器三侧断路器转为检修状态、将 1 号主变压器转至检修状态。

（4）整理相关记录，编制"事故快报"。由站内运维专责根据现场信息编制"事故快报"，2 月 23 日 15:08：后台 750kV 1 号主变压器本体差动、重瓦斯动作跳闸，视频查看现场压力释放正常动作，有大量漏油。将 750kV 1 号主变压器及主变压器三侧断路器转为检修状态。驻站消防队已到位。现场对故障变压器进行取油样化验及常规试验（直流电阻、变比），油化结果乙炔、乙烯含量较高，数据显示变压器内部存在放电现象。1 号主变压器型号为 ODFPSZ-600000/750，投运日期为 2020 年 2 月，现场天气晴。故障前为双极四换流器大地回线方式运行，输送功率 2000MW，500kV 交流系统运行正常；故障后双极四换流器大地回线方式运行 2000MW 运行，功率转带正常，无损失；经站内审核无误后报送运检部。

（5）检修处理工作。站内领导安排相关专业组织抢修，站内检修专业开票工作，对故障设备情况进行详细检查：开展故障设备及相关一次设备开展例行及诊断性试验，整理现场相关资料。

确定有问题的设备后，准备备品备件及工器具，开展站内抢修工作。如有需要，联系应急抢修单位到站进行处理。

第六节　压　力　释　放　阀

换流变压器的压力释放阀分别装在有载分接开关油箱和本体油箱顶部。压力释放阀是一种保护装置，当换流变压器油箱或有载分接开关油箱内严重故障（例如电弧）时，换流变压器油的体积会急剧增大，并产生大量气体，就会压缩压力释放阀的弹簧，若其压力大于压力释放阀的开启压力，压力释放阀就会打开，气体和油则会从压力释放阀喷出，待油箱内的压力低于压力释放阀的开启压力后，压力释放阀会关闭。

如图 3-20 所示，释放阀由带盖板的铝制法兰，以及 1 个阀盘构成。阀盘通过 2 个合闸弹簧 7 的力压住垫片，垫片是由阻油橡胶制成的。为了提供指示和报警，压力释放装置有以下功能：2 个密封开关 9 和 1 个机械指示器 8 合为一体，该阀没有内部元件，这样可以减少平波电抗器内部或降低对平波电抗器设计的干扰。阀盘的质量小及合闸弹簧的速度慢，可以允许阀的开口处快而宽。当内部压力低于开口处的压力时，合闸弹簧的力就会加在阀盘 3 上，也就是加在垫片 4 内部，起正向密封的作用。当压力达到操作压力时，密封垫片将把油释放到外腔，少量的油就可以使油压加在整个阀盘的表面上，这样阀盘将瞬时打开，严重故障情况下，打开的时间大约为 2μs。当过压不存在的时候，该阀将马上自动关闭。机械指示器 8，由一个安装在盖板中心的红色铝杆和阀的下端配件构成。当操作阀时，阀盘突然打开，并且通过它的套管对红杆施加力，红杆伸出给予运行人员巡检观察指示。

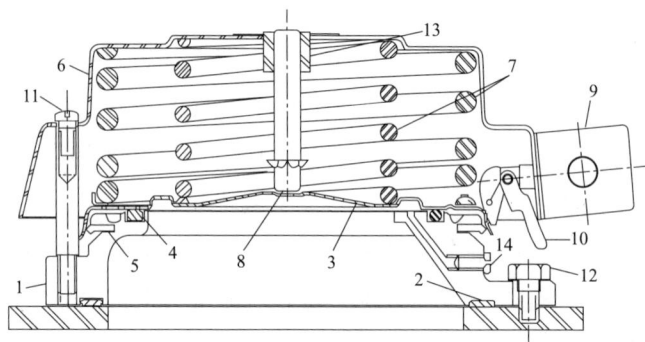

图 3-20　压力释放阀结构

1~3—阀盘；4—垫片；5~7—合闸弹簧；8—机械指示器；

9—密封开关；10—手柄；11、12、14—螺柱；13—顶针

案例 6

110kV 站用变压器压力释放阀动作

1．预想事故情况

2020 年 2 月 23 日 15:08，该换流站 110kV 站用变压器压力释放动作。

2．运行方式

2.1 直流系统

（1）双极典型方式一运行，输送功率 4500MW，当前该站为主控站。

（2）极 I 控制保护 A 套（pole one pole control and protection A，P1PCPA）、极 I 高端阀组控制保护（pole one converter C&P A，CCP11A）、极 I 低端阀组控制保护（pole one converter C&P A，CCP12A）、极 II 控制保护 A 套（pole two pole control and protection A，P2PCPA）、极 II 高端阀组控制保护（pole two converter C&P A，CCP21A）、极 II 低端阀组控制保护（pole two converter C&P A，CCP22A）主用，极 II 为控制极。

（3）安全稳定控制装置正常投入运行。

2.2 交流系统

（1）500kV 交流进线 I 线、II 线、III 线、IV 线、V 线、VI 线未投运（相关线路的短引线保护均正常投入）；500kV 交流进线 VII 线、VIII 线运行，500kV 1 号母线、2 号母线运行，500kV 交流场所有断路器运行。

（2）第一、二、三、四大组滤波器母线运行，5611、5612、5613、5623、5631、5641、5643 交流滤波器运行。

（3）750kV 1 号母线、2 号母线运行，750kV 交流进线 I 线、750kV 交流进线 II 线、750kV 交流进线 III 线，750kV 所有断路器运行正常，1 号、2 号、3 号主变压器运行正常，66kV 电容器在冷备用状态，66kV 电抗器在热备状态正常。

（4）110kV 站用变压器、66kV 1 号站用变压器、2 号站用变压器运行，10kV 0 号母线、1 号母线、2 号母线运行。

2.3 站用低压直流系统

站公用站用低压直流系统、极 I 高端阀组站用低压直流系统、极 I 低端阀组站用低压直流系统、极 II 高端阀组站用低压直流系统、极 II 低端阀组站用低压直流系统、500kV 交流场站用低压直流系统、750kV 交流场站用低压直流系统、交流滤波器场站用低压直流系统运行。

2.4 现场天气情况

晴，温度 10℃。

3．事故处理过程

（1）异常现象。

1）事故警铃响起。

2）重要报文信息：2020 年 2 月 23 日 15:08，监盘人员发现 OWS 后台报"S1SPCA A/B 110kV 站用变压力释放阀动作"。

3）110kV 站用变压器现场：地上有大量油迹。

4）站用变压器界面：110kV 站用变压器油温和绕组温度正常，无变化。

5）直流顺控界面状态：直流系统双极四换流器大地回线 4500MW 运行正常。

（2）设备检查及分析判断。

1）监控后台检查。

值长安排监盘人员 F 检查和记录事故发生时间、监控系统报文，查看油温绕温并分析历史曲线。值长安排监盘人员 A 立即通过工业视频查看 110kV 站用变压器。

2）安排人员进行现场检查，若情况属实汇报调度。值班长组织人员向站领导推送相关信息，同时安排人员开展现场检查。

一次现场检查情况：值长安排 B、C（见附录）立即携带对讲机、相机、设备间钥匙、测温仪，到现场检查 110kV 站用变压器外观有无形变。开展离线油化试验，并未发现异常，现场发现本体油位有明显升高，储油柜油位并未变化而且保持在很低的油位，现场检查变压器阀门状态，发现储油柜与变压器本体连通阀处于关闭状态，导致本体的油无法回流至储油柜，变压器本体油温随温度升高而升高导致压力释放阀动作。

二次现场检查情况：现场检查 750kV 继电器小室 110kV 站用变保护装置 CSC-336GD 保护装置未动作，保护装置运行正常。

（3）故障处理。

1）立即拉开 1100 进线断路器。

2）将 110kV 站用变压器转至检修状态。

（4）整理相关记录，编制"事故快报"。由站内运维专责根据现场信息编制"事故快报"，2 月 23 日 15:08 时：后台 110kV 站用变压器本体压力释放报警出现（A/B 套均报出），视频查看现场压力释放正常动作，有大量漏油。15:11 后台操作将 110kV 站用变高压侧断路器 1100 拉开。驻站消防队已到位。正常操作转检修后，做离线油化试验。110kV 站用变压器型号为 SZ11-20000/110，投运日期为 2018 年 5 月，现场天气晴。故障前为双极四换流器大地回线方式运行，输送功率 4500MW，500kV 交流系统运行正常；故障后直流系统双极三换流器（极 I 高低端、极 II 低端）大地回线 4500MW 运行，极 II 高端换流变压器检修状态，功率转带正常，无损失；经站内审核无误后报送运检部。

（5）检修处理工作。站内领导安排相关专业组织抢修，站内检修专业开票工作，对故障设备情况进行详细检查：开展故障设备及相关一次设备开展例行及诊断性试验，整理现场相关资料。

确定有问题的设备后，准备备品备件及工器具，开展站内抢修工作。如有需要，联系应急抢修单位到站进行处理。

第四章　开关类典型事故预想与处理

本章以 SF_6 断路器为例进行介绍。SF_6 断路器灭弧室的结构基本上有单压式和双压式两种。

一、单压式（压气式）灭弧室

单压式灭弧室又称压气式灭弧室。只有一个气压系统，灭弧室的可动部分带有压气装置，靠分闸过程中活塞汽缸的相对运动，造成短时气流来熄灭电弧。单压式灭弧室又分以下两大类：

1. 变开距

图 4-1 所示为变开距单压灭弧室的工作原理。压气活塞是固定不动的。图 4-1（a）所示触头在合闸位置。分闸时，操动机构通过拉杆 7 使动触头 4、动弧触头 3、绝缘喷嘴 8 和压气缸 5 运动，在压气活塞 6 与压气缸 5 之间产生压力。图 4-1（b）所示为产生压力的情况。等到动静弧触头脱离后，在这两个触头间产生电弧，同时压气缸内 SF_6 气体在压力作用下吹向电弧，使电弧熄灭，如图 4-1（c）所示。图 4-1（d）所示为电弧熄灭后，触头在分闸位置。在这种灭弧室结构中，电弧可能在触头运动的过程中熄灭，所以称为变开距。

2. 定开距

图 4-2 所示为定开距单压式灭弧室工作原理。压气活塞 6 是固定不动的，静弧触头 1 和动弧触头 2 之间开距也是固定不变的。图 4-2（a）所示触头在合闸位置。分闸时，操动机构通过连杆带着动触头 3 和压气缸 5 运动，在压气活塞 6 与压气缸之间产生压力。图 4-2（b）所示为产生压力的情况。当动触头 3 脱离静触头 1 后，产生电弧 7，同时压气缸 5 内 SF_6 气体在压力作用下，通过压气栅 4 吹向电弧 7，如图 4-2（c）所示。当电弧熄灭后，触头处在图 4-2（d）所示的分闸位置。

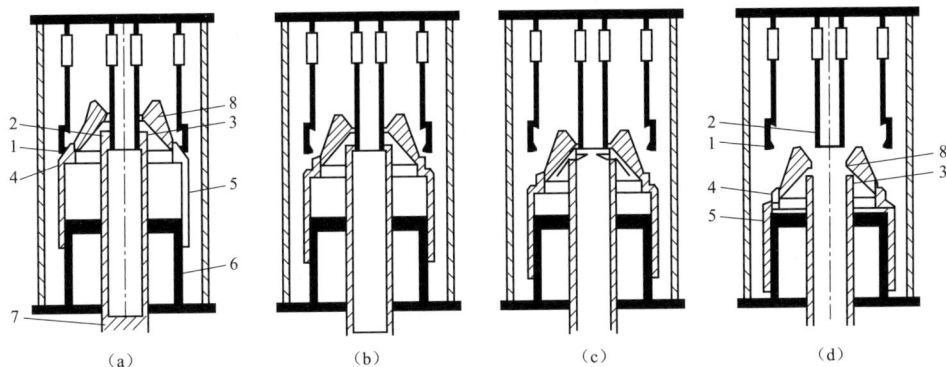

图 4-1　压气式变开距灭弧室工作原理

（a）触头在合闸位置；（b）产生压力；（c）动静弧触头脱离；（d）触头在分闸位置

1—静触头；2—静弧触头；3—动弧触头；4—动触头；5—压气缸；

6—压气活塞；7—拉杆；8—喷嘴

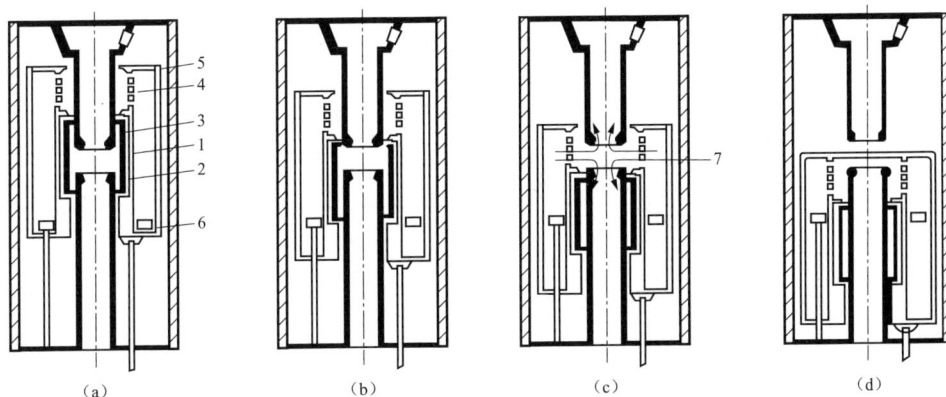

图 4-2　压气式定开距灭弧室工作原理

（a）触头在合闸位置；（b）产生压力；（c）动触头脱离静触头；（d）触头在分闸位置

1—静触头；2—静弧触头；3—动弧触头；4—压气栅；5—压气缸；6—活塞；7—电弧

单压式灭弧室中 SF_6 气体只有一种气压，其值约为 0.3～0.5MPa。当分闸时，由于压气缸与压气活塞的作用，吹系统的 SF_6 气体压力可比原来的提高一倍。

变开距与定开距灭弧室的比较如下：

（1）气吹情况。变开距的气吹时间比较充裕，压气缸内的气体利用比较充分。定开距吹弧时间短促，压气缸内的气体利用稍差。

（2）断口情况。变开距的开距大，断口间的电场均匀度较差。绝缘喷嘴置于断口之间。

（3）经电弧多次灼伤后，可能影响断口系统。定开距的开距短，断口间电场比较均匀，绝缘性能较稳定。

（4）电弧能量。变开距的电弧拉得较长，电弧能量较大。定开距的电弧长度一定，电弧能量较小，对灭弧有利。

（5）行程与金属短接时间。变开距可动部分的行程较小，超行程与金属短接时间亦较短。定开距的行程较大，超行程与金属短接时间较长。

二、双压式灭弧室

双压式灭弧室有高压和低压两个气压系统。灭弧时，高压室控制阀打开，高压 SF_6 气体经过喷嘴吹向低压系统，再吹向电弧使其熄灭。

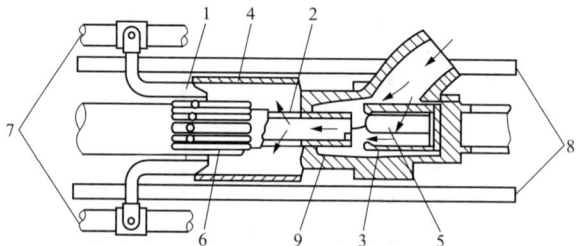

图 4-3　双压式灭弧室结构示例

1—动触头的横担；2—动触头上的孔；3—静触头的载流触指；4—吹弧屏罩；

5—定弧极；6—中间触头；7—绝缘操作棒；8—绝缘支持棒；9—灭弧室

图 4-3 所示是双压式灭弧室结构图。灭弧室触头系统处于低压的 SF_6 气体中。在分闸时，当动触头脱离静触头时，在定弧极与动触头之间产生电弧。这时，通向高气压系统的控制阀已打开，SF_6 气体从高压区域顺着箭头方向吹向低压区域，电弧在 SF_6 气吹的作用下熄灭。这种型式的特点如下：

（1）吹弧能力强，开断容量大，它的吹弧能力不受开断条件或操作速度的影响，能维持稳定，强力的吹气条件加上 SF_6 气体优异的灭弧性能，使得开断能力很强。

（2）动作快，燃弧时间短。电弧在第一个过零点就能熄灭，很少复燃。

（3）结构复杂。两个压力系统的气体之间必须有一套控制装置，以维持压力差，这就增加了设备的复杂性。其次，高压力的 SF_6 气体液化温度高，低温环境使用时，必须加装加热器。

由于双压式的结构复杂，辅助设备多，随着单压式的发展，双压式已逐渐被单压式取代。

三、罐式型

这类断路器对地绝缘方式的特点是触头和灭弧室装有充有 SF_6 气体并接地的金属罐中，触头与罐壁间的绝缘采用环氧支持绝缘子，引出线靠绝缘瓷套管引出，如图 4-4 所示。可以在套管上装设电流互感器，使用时不需要再配专用的电流互感器。

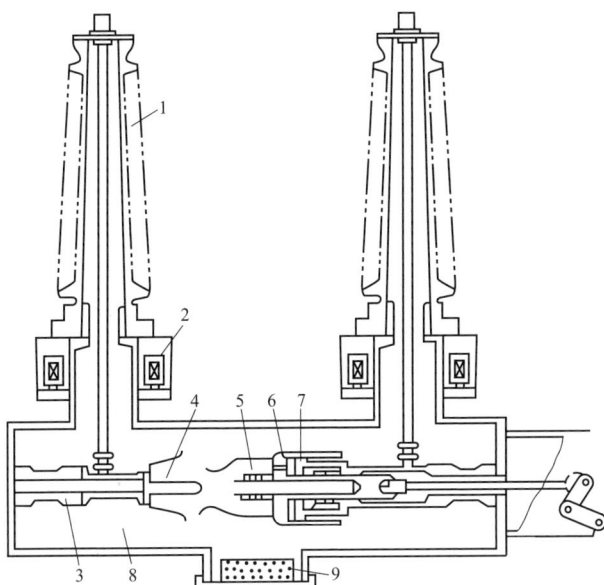

图 4-4　单压式变开距灭弧室罐式 SF_6 断路器

1—套管；2—电流互感器；3—绝缘子；4—静触头；5—动触头；

6—压气缸；7—压气活塞；8— SF_6 气体；9—吸附剂

四、液压操动机构特点

液压操动机构是利用液压油作为动力传递的介质，常用储能驱动方式。即利用储压器中预储的能量间接驱动活塞，而储压器则是由较小功率的电动机与油泵储能。

图 4-5 是断路器液压操动机构的原理图。断路器的运动部分是由工作缸的活塞推动的，图中工作缸活塞可以在水平方向左右移动，推动断路器分合闸。活塞运动方向由阀门控制，图中工作缸左侧直接与储压器的高压油连通，右侧接阀门。当阀门与储压器连通时，如图 4-5（a）所示，工作缸右侧也接高压油，但活塞两侧受压面积不等，右侧受压面积大，活塞将向左移动而带动断路器合闸。当阀门转到与低压力的油箱联通时，如图 4-5（b）所示，活塞向右移动，使断路器分闸。

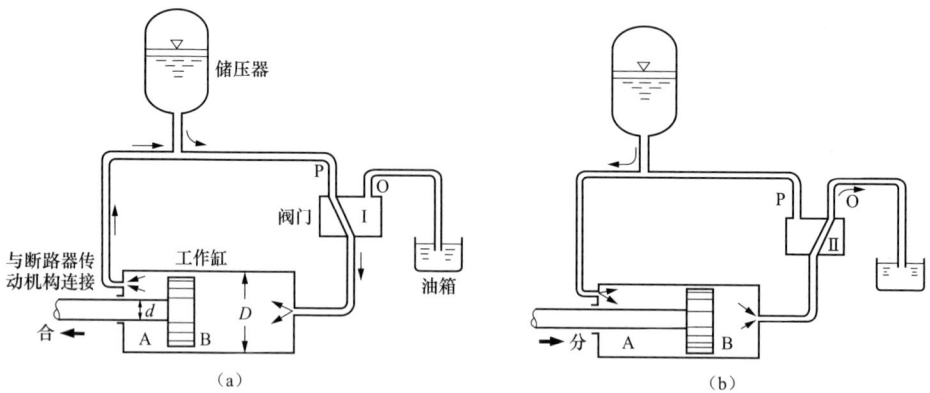

图 4-5　断路器液压操动机构动作原理（差动式工作缸）

（a）合闸；（b）分闸

从图 4-5 中可以看到，液压操动机构的几个主要组成部分如下：

（1）储能部分，包括储压器、油泵、电动机等。储压器是充有高压力气体（氮气）的容器，能量是以气体压缩的形式储存的。当机构操动时，气体膨胀释放出能量，经液压油传递给工作缸而转变成机械能。油泵和电动机供储压器储能用，电动机带动油泵向储压器压油，使气体受压缩，所以机构的能源仍然来自电源。由于储能过程时间较长，要几分钟，而机构一次操作过程时间即释放能量的时间却很短，一般小于 0.1s，两者相差近千倍，因此储能用的电动机功率也就降低了，这极大地减轻了对电源容量的要求，这是储能式机构的优点。

（2）执行元件，即工作缸。它把能量转变为机械能，驱动断路器分、合闸。

（3）控制元件，即阀门。用来实现分、合闸动作的控制，连锁、保护等要求。

（4）辅助元件，如低压油箱、连接管道，以及油过滤器、压力表、继电器、开关等。

由此可见，在液压机构中，油主要起传递能量的作用。液压机构的优点是：

（1）体积小，操作力大，需要的控制能量小。液压机构的工作压力高，一般在 20～30MPa 左右，比气动机构高 10 多倍，在同样的储压器容积下，其能量密度也就比气动机构高 10 多倍。因此，液压机构的储压器容积不大，可获得很大的操作力，而且控制比较方便。

（2）操作平稳无噪声。

（3）油具有润滑、保护作用。

（4）容易实现自动控制。

液压机构的缺点是结构比较复杂，对加工精度要求高，油系统的工作压力高，易渗漏。

五、液压油的基本性质

液压油有石油基油和合成油两大类。石油基油以石油为原料，经精炼加工并加入适当添加剂（如抗氧化剂、防腐剂、着色剂等）制成，具有良好的黏度、湿度特征和防腐、润滑性能。工业设备用液压油一般都采用石油基油，如机械油、锭子油、航空液压油等。合成油具有高稳定性及更大的使用温度范围，一般适用于军用。

对液压机构用油的要求如下：

（1）黏度小，黏度—温度特性平缓。黏度是液压油的主要指标，液压油的标号就是以 50℃时的运动黏度值表示的。黏度过大则流动时内摩擦大，能量损耗大。断路器的液压操动机构工作流量大、流速高，要求油的黏度要小，为适应户外环境条件，液压油黏度随温度的变化越小越好。

（2）杂质少，包括气体杂质、机械杂质、酸碱含量等，以免工作中磨损或腐蚀机件。

（3）化学性能稳定，长期使用不变质。

六、液压操动机构组成

（一）工作缸

工作缸是液压机构的执行元件，是把液流能量变成机械能的转换环节。工作缸结构有活塞式和柱塞式两种类型。

1. 活塞式工作缸

这是目前使用最多的工作缸结构，按照两侧压力控制方式的不同，又可分为直动式和差动式两种。

（1）直动式工作缸。如图 4-6 所示，当工作缸两侧管道一个接高压油、另一个接低压油时，便产生单方向的推动力。它要求装两个控制阀门（V_A、V_B）。图 4-6 中 V_A、V_B 都置于位置 II，工作缸 B 侧与高压油（储压器）连通，而通低压油箱的通道关闭；工作缸 A 侧与低压油箱连通，而高压油通道关闭，因此活塞 B 侧受推力向左移动。当 V_A、V_B 都转到位置 I 时，则产生向右移动的推力。若活塞直径为 D，活塞杆直径为 d，工作缸中油的压力为 P，则直动式工作缸活塞的推力为

A 侧
$$F_A = P\frac{\pi}{4}(D_2 - d_2)$$

B 侧
$$F_B = P\frac{\pi}{4}D_2$$

可见，因两个方向的承压面积不同，推力是不相等的。为了使两侧推力相等，便生产了如图 4-7 双出杆式工作缸结构。当 $d_A = d_B$ 时，两侧的推力是一样的。

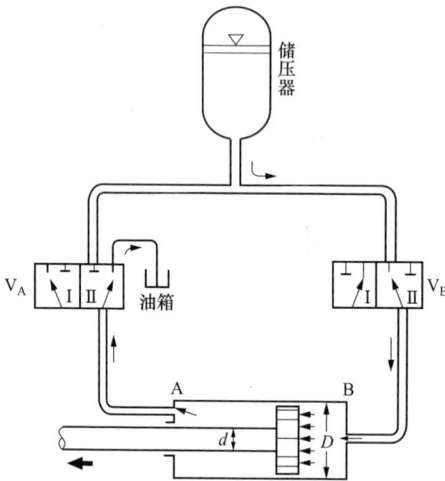

图 4-6　直动式工作缸的控制

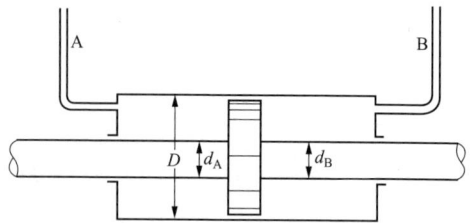

图 4-7　双出杆式工作缸

（2）差动式工作缸。图 4-5 就是差动式工作缸的原理。

工作缸有一侧油管始终接在高压油管道上，另一侧经阀门控制。当 B 侧接高压油时，由于活塞 B 侧承压面积大于 A 侧，活塞受到向左侧的推力，见图 4-5（a）差动式工作缸的工作推力为

A 侧
$$F_A = P\frac{\pi}{4}(D^2 - d^2)$$

B 侧
$$F_B = P\frac{\pi}{4}D^2$$

与直动式工作缸推力比较，对于同样的活塞尺寸，差动式 B 侧的推力要小得多。在要求同样的推力的情况下，差动式工作缸的直径要比直动式工作缸的直径大。但差动式工作缸只需要一个控制阀门，比直动式工作缸简单。

活塞式工作缸，内壁与活塞之间是滑动的密封结构，对其表面加工精度和光洁度都要求很高，一般为三级精度，光洁度为 $\nabla 8 \sim \nabla 10$。

2. 柱塞式工作缸

柱塞式工作缸是要求工作行程特别长的液压机构，可采用柱塞式工作缸结构，如图 4-8 所示。工作缸的可动件制成长圆柱形的柱塞，滑动密封面限于工作缸的端部，这样避免了工作缸内壁精加工的困难。柱塞式工作缸只能单方向推动，柱塞的返回要依靠外力。柱塞式工作缸单向推力为

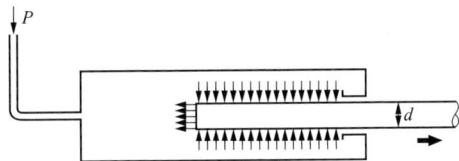

图 4-8 柱塞式工作缸

$$F = P\frac{\pi}{4}d^2$$

工作缸的缓冲。在工作缸活塞操动过程中速度高，运动冲量大，缓冲是非常重要的。各种工作缸都采用窄缝间隙制动来实现缓冲。在断路器液压机构中，通常把分闸缓冲置于工作缸上，合闸缓冲置于断路器本体中。

图 4-9 所示是工作缸的两种缓冲结构。在活塞到终止位置以前的一段行程里，活塞端部的缓冲头进入缸体凹槽内，使 B 腔的油经中缝由 A 出口流出，油只能通过小环形窄缝，油流的阻力很大，使运动系统得以减速，避免了最后的撞击。为了便于调节制动力的大小，在工作缸的结构上增加调节装置，如图 4-9（b）中的螺丝和单向阀。单向阀的作用是使活塞反向动作开始阶段（合闸开始阶段）时的阻力不致太大。

（二）储压器

断路器的液压机构都采用气体（氮气）储压器，图 4-10 为储压器的原理结构。储压器本体是个无缝钢管制作的高强度容器，筒中活塞把气体与油分隔开，活塞与筒壁为滑动密封结构。储压器在结构上有单筒式和双筒式两种，单筒式

结构较简单，体积较小；双筒式体积大，可储更大的能量。

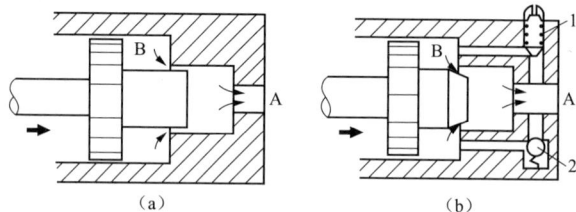

图 4-9　工作缸的缓冲结构

（a）固定间隙缓冲；（b）可调间隙缓冲

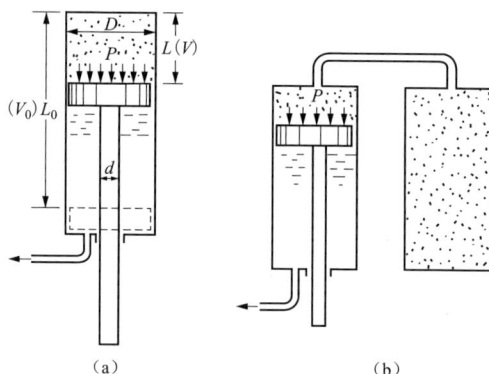

图 4-10　储压器的原理结构

（a）单筒式；（b）双筒式

储压器有三种工作状态，如图 4-11 所示。活塞处在最下端位置时为充气状态，筒内气体体积为 V_0，压力为 P_0，如图 4-11（a）所示；当油泵打入高压油时，活塞上移，气体体积压缩到 V_c，压力增加到 P_c，这是储能状态，如图 4-11（b）所示；操作时，储压器供给工作缸高压油，由于油流出，气体体积膨胀到 V_1，压力降至 P_1，当压力降低到允许下限值时，就是最低工作压力状态，如图 4-11（c）所示，这时油泵将重新启动加压。

储压器的储存能量数值正比于工作压力和气体体积的乘积，提高工作压力可以提高储能值。提高压力的限制主要是强度和安全问题。

储压器气体体积大小取决于要求的连续操作次数和允许的最低工作压力值。一般应保证断路器在一次快速自动重合闸的操作循环（分—合—分）之后，压力高于允许的最低值（P_1）。

气体储压器的工作压力与温度有密切关系，为了保证储压器内预充的气体数量合适，预充压力 P_0 应根据厂家给出充气时的压力温度曲线进行校正。

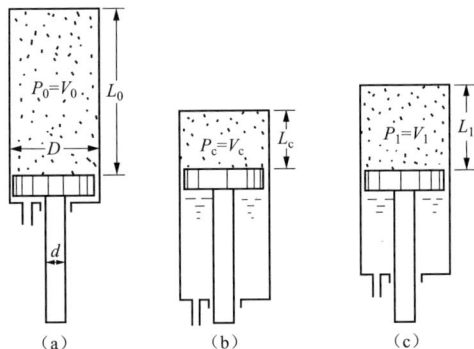

图 4-11　储压器的 3 个工作状态

（a）预充气状态；（b）储能状态；（c）操作后最低工作压力状态

此外，储压器的密封要求很高，既要防止气体外泄，又要防止活塞下面的油渗入气体空间。为此，要采取防渗漏措施。如有的在活塞上部预先充一层薄薄的油层，以防止氮气漏出；有的在活塞腰部设有通向大气的泄放槽，使油气不会相互渗漏。

（三）油泵

油泵是用来把低压油打进储压器，使之成为高压油的。高压油用以压缩气体，使其储能。液压机构的储能时间约 2～3min，比一次操作时间长得多，因此，油泵的功率和流量都比较小，但其工作压力是比较高的。液压机构一般采用柱塞式（活塞式）油泵，这种泵的特点是使用压力高，密封性能好，压油效率高，使用寿命长。

图 4-12（a）为柱塞泵的结构原理。它与打气筒相似。柱塞 3 与柱塞套 4 之间的间隙很小（20～30μm）。工作时，柱塞在套中左右往复运动。当柱塞 3 向右方运动时，套内腔体积增大，低压油经单向阀 1 被吸入，而出口的单向阀 2 在高压油的作用下关闭，这是吸油过程。当柱塞 3 向左方运动时，套内腔中的油受压缩，压力加大，这时单向阀 1 关闭，2 开启，油被压往高压系统（储压器），这是排油过程。如此一吸一排不断重复，就把低压油不断地打到高压油系统中去。

柱塞泵一般由几个柱塞组成，柱塞的往复运动由电动机带动偏心轮来推动。

在液压系统中，为了画图方便，各液压元件都使用统一规定图形符号。柱

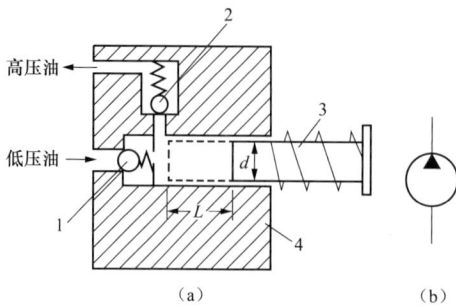

图 4-12　柱塞泵原理及其图形符号

（a）原理；（b）图形符号

1、2—单向阀；3—柱塞；4—柱塞套

塞泵的图形符号如图 4-12（b）所示。

（四）阀门

液压系统的各种控制、保护都是通过阀门来实现的。阀门的作用和结构是多种多样的。有的阀门起自动调节作用，如减压阀、安全阀。但是，在断路器液压机构中，多数阀门只作控制元件使用，阀门的种类有：

1．放油阀

放油阀用于检修时人工泄放压力。图 4-13（a）为人工放油阀结构原理。它包括阀芯及操作手柄、阀套、高压油进口 P 和通油箱的出口 O 等结构。图形符号如图 4-13（b）所示，其中"山"形符号代表低压油箱，中间方框表示在正常状态（阀门不动作时）通道联通情况，图中箭头不与 P、O 相连通表示两个液流通道在正常状态是互不相通的。方框右边手柄图形表示手控式。

2．安全阀

图 4-14（a）为安全阀结构原理。它与人工放油阀的差别在于，用一个弹簧代替了手柄。当液体压力超过某一数值时，阀芯上的作用力超过弹簧力，阀就开启，P 与 O 联通。弹簧力的大小可根据保护要求进行调节。

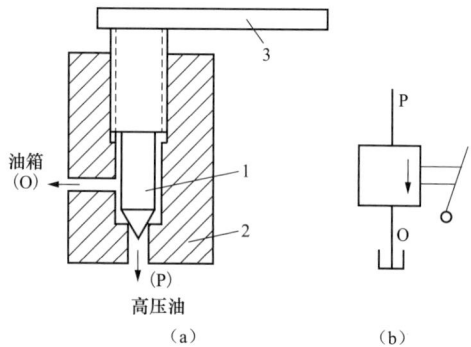

图 4-13　人工放油阀结构原理及其图形符号

（a）原理；（b）图形符号

1—阀芯；2—阀套；3—手柄

图 4-14（b）中虚线代表控制油路，右边的弹簧符号代表阀的返回是靠弹簧推动的。

3．单向阀（逆止阀）

液流只能在一个方向（P 方向）通过，反向截止。这种阀门在液压机构中用得很多，其结构原理及图形符号如图 4-15 所示。

4．减压阀

用于从高压油系统中获得另一低压力的油系统，如有的液压机构的工作缸位置高于低压油箱，要维持工作中的低压油，就需要有比大气压力高些的低压油系统，这时常用减压阀从高压油系统中取得。

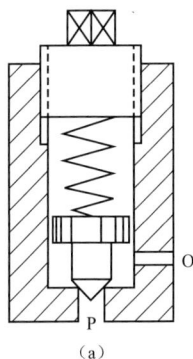

图 4-14　安全阀结构原理

（a）原理；（b）图形符号

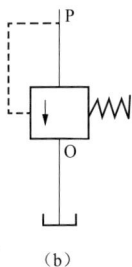

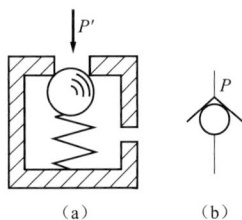

图 4-15　单向阀结构原理及其图形符号

（a）原理；（b）图形符号

图 4-16 是减压阀结构原理及形符号。它是靠弹簧 1 与活塞 2 维持输出低压油压力为定值的，高压力的油进入减压阀腔 A 中，流经窄缝 S 时，产生压力损失，使压力从高压降低到低压而供给低压油系统。如果高压油压力增大，低压油的压力也随之增大，由于活塞上推力超过弹簧压力使活塞上移，缝隙 S 减小，流经 S 的压力损失加大，从而使低压油压力降低。当高压油压力减小时，动作过程与此相反。调整弹簧 1 的作用力可得到所需要的输出压力。

减压阀的图形符号，见图 4-16（b）中控制油路与 P_2 相通，箭头与 P_1、P_2 连通。

5．控制阀

控制阀用来控制油流通道的开启、关闭，相当于电路中的开关。阀门流量很大，一般为主控阀，为了减少控制功率，往往使用多级控制阀（多级阀）。

（1）控制阀按控制方式不同，可分为电磁控制阀和液压控制阀。

1）电磁控制阀。电磁控制阀利用电磁铁提供动作能源，常用于控制阀的第一级，相当于气动机构中启动阀，操作功率和阀的流量都较小。图 4-17 为电磁控制阀结构原理及其图形符号。这是 1 个电磁铁推动、弹簧返回的 2 个位置（Ⅰ—电磁铁通电状态，Ⅱ—电磁铁断电状态）、3 个通道（高压油通道 P，低压油通道 O，负载油路通道 A）的阀门。图形符号（b）上端小方块表示电磁铁，位置Ⅰ（画在靠近电磁铁符号一侧）代表电磁铁通电时的通道状态为 P 与 A 连通，

O 关闭。位置Ⅱ（画在靠近返回弹簧一侧）代表电磁铁断电、弹簧返回时的通道状态为 P 关闭，A 与 O 连通。

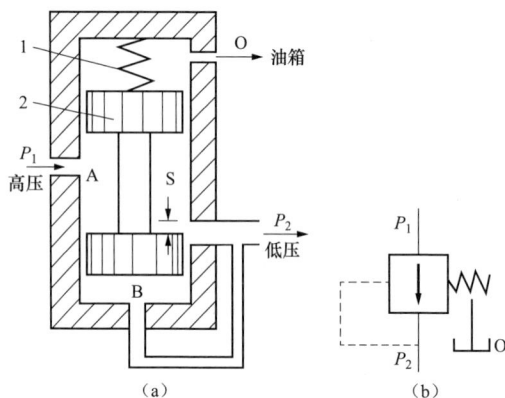

图 4-16　减压阀结构原理及其图形符号

（a）原理；（b）图形符号

1—弹簧；2—活塞

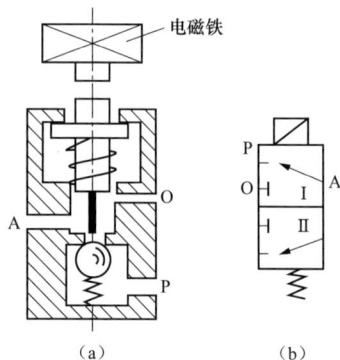

图 4-17　电磁控制阀结构原理及其图形符号

（a）原理；（b）图形符号

2）液压控制阀。阀的动作是靠液压推动的，这种阀常用作后级控制阀。图 4-18 所示为液压控制阀（带维持油道）的结构原理及其图形符号。这是一个两位置、三通道的液压控制阀。图 4-18 中 C 代表控制油流通道，R、S 是维持油路（R 为单向阀，S 为带流阀）。当阀门动作后（活塞把钢球顶开），可通过 S—R 保持活塞上方空腔的高压油，使前一级控制阀关闭后，仍能维持本级阀门在开启状态。图形符号图 4-18（b）中，顶部带黑色小三角的方框代表液压控制，其余符号意义同图 4-17（b）。

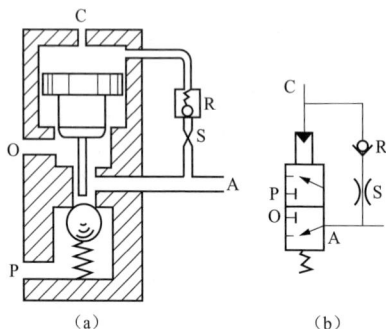

图 4-18　液压控制阀（带维持油道）的结构原理及其图形符号

（a）原理；（b）图形符号

（2）控制阀按阀芯结构来分类又可分为以下 3 种：

1）球形阀。阀芯是个圆球。图 4-17 和图 4-18 就是球形阀。这种结构的阀芯目前在断路器液压机构中使用最多，其优点是结构简单，运动质量小，动作快，但导向及密封性能差，性能不稳定。

2）锥形阀。图 4-13 和图 4-14 就是简单的锥形阀。图 4-19 所示是两位置、三通道的锥形液压阀结构原理及其图形符号。锥形阀的工作性能比球形阀更为稳定、可靠，但结构上复杂。

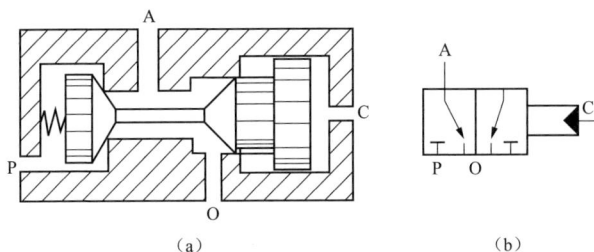

图 4-19 锥形阀结构原理及其图形符号

（a）原理；（b）图形符号

3）柱形阀（滑阀）。阀芯是一个圆柱体，图 4-20 所示柱形阀（滑阀）原理结构。由圆柱面导向及密封，它也是一个三通道、两位置的控制阀。其控制方式可以是液压控制，也可以是电磁铁控制，当然也可以是手控。柱形阀的优点是可以用 1 个阀芯同时切换多个液流通道，以实现多路控制。可制成多位置，多通道的控制阀，用在控制较复杂的液压系统中。柱形阀阀芯惯性较大，操作速度不高。

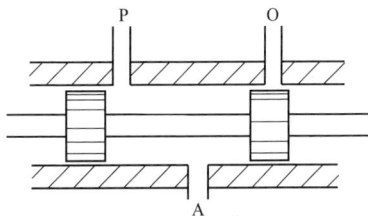

图 4-20 柱形阀结构原理

七、断路器液压操动机构典型结构

1. 断路器液压操动机构性能

断路器液压操动机构为储能式液压机构，其操作力大，动作速度高。与断路器动触头之间的连接方式为液压—连杆混合传动，液压机构的工作缸活塞经过连杆机构再推动触头系统。这种结构的液压元件，包括工作缸活塞，都可以远离断路器的高电压部分，而处于地电位上。油系统结构比较简单。整个传动系统刚度大，操作时同步性能较好。但机械连杆部分的运动质量大，操作时冲击较大，一般要有缓冲装置。

2. 储能式液压机械（CY-3 型）

CY-3 型是一种简易型液压操动机构，差动式工作缸，液压—连杆混合传动，控制部分只用了 1 个主控阀和 2 个分合闸控制阀，元件少，结构简单。图 4-21（a）是 CY-3 型的结构原理；图 4-21（b）是用图形符号画成的液压油路。

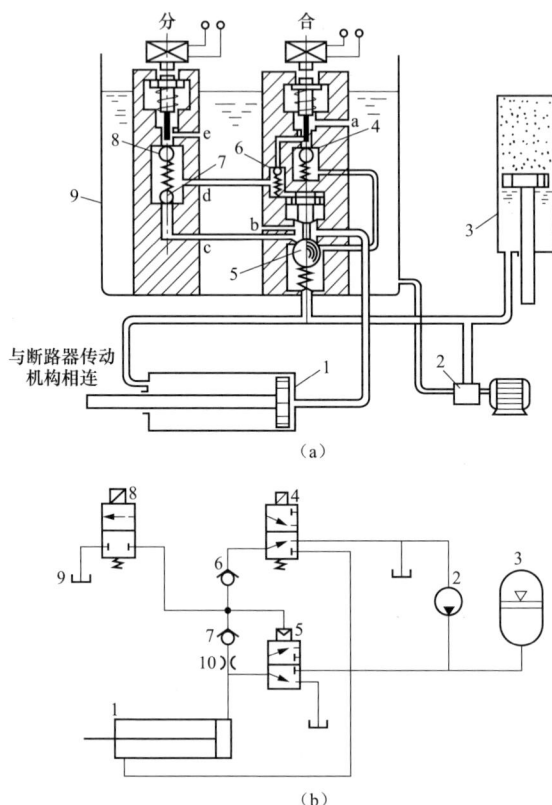

图 4-21　CY-3 液压操动机构

（a）结构原理；（b）液压油路

1—工作缸；2—油泵；3—储压器；4—合闸控制阀；5—主控阀；

6、7—单向阀（逆止阀）；8—分闸控制阀；9—油箱；10—节流孔

图 4-21 所示为机构处于分闸状态，主控阀 5 关闭，工作缸左侧接通高压油，右侧为低压，工作缸活塞维持在右边位置，断路器保持在分闸位置。

（1）合闸过程。合闸电磁铁通电，合闸控制阀 4 动作，关闭了通向低压油箱的小孔 a，打开合闸控制阀 4 的钢球使高压油进入单向阀 6 并使之开启。高压油通过单向阀 6 分为两路：一路通向主控阀活塞上方，使活塞动作，顶开主控阀 5 钢球，同时关闭了通向低压油箱的小孔 b，高压油经过主控阀 5 进入工作缸右侧，推动断路器合闸；另一路高压油通过单向阀 6 及小管 d 进入分闸控

制阀 8 使之闭锁。

在合闸电磁铁断电后，合闸控制阀 4 及单向阀 6 关闭，而主控阀 5 依靠节流孔 10、小管 c、单向阀 7、小管 d 进来的高压油使其活塞及钢球维持在开启位置，工作缸及断路器维持在合闸状态。

（2）分闸过程。分闸电磁铁通电，打开分闸控制阀 8，主控阀 5 活塞上方高压油经过小管 d 与孔 e 泄放，主控阀关闭。工作缸右侧的高压油经小孔 b 流入油箱。而此时，左侧仍接高压油，因此，工作缸活塞向右方推动，断路器分闸。

差动式工作缸的液压操动机构存在着"慢分问题"。当机构处于合闸状态时，由于某种原因，机构的油系统失压，主控阀 5 活塞上面的维持油压也因泄漏而逐渐降低，致使球形主控阀 5 在弹簧作用下自动闭合。这时工作缸活塞两侧都没有高压油，而断路器处于合闸位置，如果这时油泵启动打压，由于主控制已关闭，高压油只进入工作缸活塞左侧，因右侧为低压油，则随着压力上升，工作缸活塞连同断路器将作缓慢分闸。这种"慢分动作"是非常危险的，可能酿成严重事故。所以，液压机构一般需设有防"慢分"的闭锁装置。

3. 弹簧储能式液压机构（AHMA 型）

AHMA 型是弹簧储能液压机构，为差动式工作缸，弹簧储能，液压—连杆混合传动。控制部分只用了 1 个主控阀和 1 个合闸控制阀，两个分闸控制阀。它兼顾了弹簧储能和液压机构的优点，储能弹簧由盘形弹簧钢板组成，使用寿命长，稳定性、可靠性好，其性能不受温度变化影响，结构简单，又可将液压元件集中在一起，无液压管道。液压回路与外界完全密封，从而能保证液压系统不会渗漏。

图 4-22 为弹簧储能式液压机构结构原理图，图 4-22（a）为合闸位置；图 4-22（b）为分闸位置，图 4-22（c）为分闸释能位置。

动作原理如下：

（1）液压储能。电动机接通电源，液压泵将低压油箱内的液压油打入高压油储压腔，将储能活塞向上推动，通过储能活塞上的拉紧螺栓，使盘形储能弹簧压缩储能。由储能活塞上的压力开关控制连杆切换行程开关，切断电动机的电源，液压泵停。当高压油储压腔内油压过高时，安全阀自动打开，高压油释放到低压油箱内。储能结束后，如图 4-22（b）所示，此时工作缸活塞连杆的一侧常充高压油，而另一侧与低压油箱接通，断路器在分闸位置。

（2）合闸操作。合闸电磁铁通电，合闸电磁阀打开，主控制阀向上动作，隔断工作缸活塞下面与低压油箱的通路，同时通过主控制阀将高压油储压腔与工作缸活塞下面的合闸侧接通。这样，工作缸活塞下两侧都接入高压系统，由于工作缸活塞合闸侧面积大于分闸侧面积，于是，差动式工作缸活塞向上运动，断路器合闸。由辅助开关切断合闸电磁铁电源，合闸电磁阀关闭。盘形储能弹簧释放能量，由液压泵补充。机构状态如图 4-22（a）所示合闸位置。

（3）分闸操作。分闸电磁铁通电，合闸电磁阀打开，主控制阀向下动作，接通了工作缸活塞下面合闸腔与低压油箱通路，工作缸活塞合闸腔高压油被排放，工作缸活塞向下运动，断路器分闸。辅助开关切断分闸电磁铁电源，分闸电磁阀关闭。机构状态如图 4-22（b）所示分闸位置。

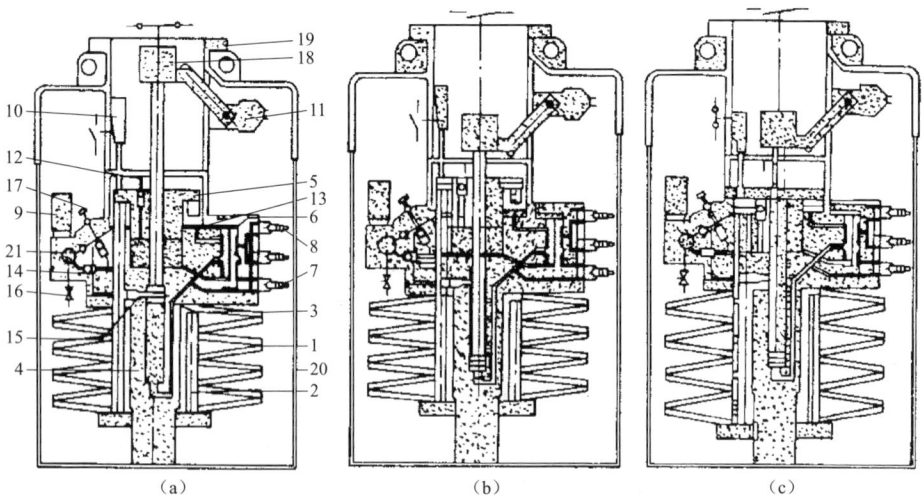

图 4-22　弹簧储能式液压机构结构原理

（a）合闸位置；（b）分闸位置；（c）分闸释能位置

1—盘形储能弹簧；2—拉紧螺栓；3—工作缸活塞；4—高压筒；5—储能活塞；6—主控制阀；
7—合闸电磁阀；8—分闸电磁阀；9—电动机；10—压力开关控制连杆；11—辅助开关；
12—安全阀；13—低压油箱；14—高压油储压腔；15—合闸位置闭锁装置；16—低压放油阀；
17—高压油释放阀；18—联轴器；19—连接法兰；20—机构外壳；21—液压泵

分、合闸速度调整，主要依靠调节进入主控制阀的高压或低压油路中的节流阀，借助节流阀可改变管道的通流截面积。

（4）合闸位置闭锁装置。合闸位置闭锁装置也是防"慢分"装置，利用压力油来控制，当液压油释压而低于工作压力时，合闸位置闭锁装置在弹簧作用下将活塞杆插入工作缸活塞槽内，使断路器保持在合闸位置。此时油泵打压时，断路器不会"慢分"，当油压建立起来后，合闸闭锁装置活塞杆复位。

本站采用西安西电开关电气有限公司 LW13A-550（G）GSR-500R2C，500kV GIS 断路器为卧式双断口布置，采用液压弹簧操动机构，带有并联电容器，开断电流为 63kA，机械寿命≥5000 次，其灭弧室由静触头和动触头、压气缸、喷口、活塞、以及其他部件组成。在灭弧室中充有 0.50MPa 具有优良的绝缘和灭弧性能的 SF_6 气体。断路器的灭弧原理为：当操动机构接到分闸命令时，活塞杆带动绝缘拉杆拉动动触头运动部分进行分闸操作，静主触头与动主触头分离后，电流转移到仍接触的弧触头上；当动静弧触头分离时，弧触头间产生电弧，随着动静触头运动，同时气缸与活塞之间的空间被压缩，此空间内的 SF_6 气体压力比气缸外的压力大，即缸内外压差越来越大，电弧的热量使弧柱周围气体分解成离子状，热量同时反射到缸内使之压力进一步增长；随着触头的运动，缸内 SF_6 气流吹拂并挤压弧柱，同时，通过喷口和动静触头内腔向灭弧室外部释放压力和能量；当电流过零时，冷气流使电弧迅速冷却，此后，冷气流继续充入弧隙空间使之绝缘迅速恢复，并保持触头间的绝缘强度恢复不被电压的增长所破坏，从而保持开断成功。如图 4-23 所示为断路器结构，图 4-24 为断路器灭弧室，图 4-25 为灭弧原理。

图 4-23　断路器结构

（a）　　　　　　　　　　（b）

图 4-24　断路器灭弧室

（a）动触头侧；（b）静触头侧

该站断路器的操作方式为分相操作，具备三相联动及非全相保护功能，而且为了确保断路器具有所需要的开断能力，断路器液压操动机构中的控制回路设有两种闭锁装置，一种是 SF_6 气体低气压闭锁，另一种是低油压操作闭锁。前一种由 SF_6 气体密度计实现；而后一种则通过固定在机芯上的限位开关实现，固定在支撑环上的齿条，随储能弹簧运动，转动与其啮合的齿轮，与齿轮同轴的凸轮带动限位开关转换限位开关触点通断状态。

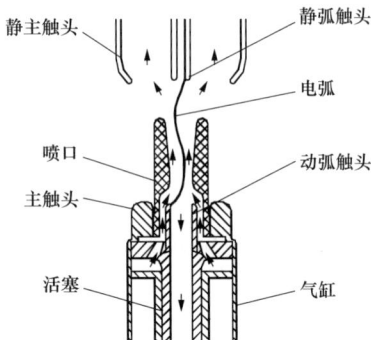

图 4-25　灭弧原理

案例 1

油压低闭锁重合闸

1. 预想事故情况

2021 年 4 月 17 日 15:30，某换流站 500kV 交流进线Ⅶ线线路 5083 断路器油压低闭锁重合闸。

2. 运行方式

2.1　直流系统

（1）双极典型方式一运行，输送功率 4158MW，当前本站为主控站。

（2）极Ⅰ控制保护 A 套（pole one pole control and protection A，P1PCPA）、极Ⅰ高端阀组控制保护（pole one converter C&P A，CCP11A）、极Ⅰ低端阀组控制保护（pole one converter C&P A，CCP12A）、极Ⅱ控制保护 A 套（pole two pole control and protection A，P2PCPA）、极Ⅱ高端阀组控制保护（pole two converter C&P A，CCP21A）、极Ⅱ低端阀组控制保护（pole two converter C&P A，CCP22A）主用，极Ⅱ为控制极。

（3）安全稳定控制装置正常投入运行。

2.2　交流系统

（1）500kV 交流进线Ⅰ线、Ⅱ线、Ⅲ线、Ⅳ线、Ⅴ线、Ⅵ线、Ⅶ线、Ⅷ线运行，500kV 1 号母线、2 号母线运行，500kV 交流场所有断路器运行。

（2）第一、二、三、四大组滤波器母线运行，5611、5612、5613、5621、5623、5631、5643 交流滤波器运行。

（3）750kV 1 号母线、2 号母线运行，750kV 交流进线Ⅰ线、750kV 交流进线Ⅱ线、750kV 交流进线Ⅲ线，750kV 所有断路器运行正常，1、2、3 号主变压器运行正常，66kV 电容器在冷备用状态，66kV 电抗器在热备状态正常；

（4）110kV 站用变压器、66kV 1 号站用变压器、2 号站用变压器运行，10kV 0、1、2 号母线运行。

2.3　站用低压直流系统

站公用站用低压直流系统、极Ⅰ高端阀组站用低压直流系统、极Ⅰ低端阀组站用低压直流系统、极Ⅱ高端阀组站用低压直流系统、极Ⅱ低端阀组站用低压直流系统、500kV 交流场站用低压直流系统、750kV 交流场站用低压直流系统、交流滤波器场站用低压直流系统运行。

2.4　现场天气情况

晴，环境温度 12℃。

3．事故处理过程

3.1　异常现象

（1）事故警铃响起。

（2）重要报文信息：2021 年 4 月 17 日 15:30:42，监盘人员（A、B）发现 OWS 后台报"S1ACC8A、S1ACC8B 交流场开关 WB.W8Q3（5083）断路器油压 OCO 报警、OCO 闭锁出现、5083 开关电机打压持续出现、5083 开关过流过时出现"。

（3）交流场界面状态：500kV 交流进线Ⅷ线线路 5083 断路器在合闸状态。

（4）直流场界面状态：极Ⅰ高端阀组、极Ⅰ低端阀组、极Ⅱ低端阀组、极Ⅱ高端阀组运行正常。

（5）直流顺控界面状态：直流系统双极四换流器大地回线 4158MW 运行正常，无损失。

3.2　设备检查及分析判断

（1）监控后台检查。值长安排监盘人员检查和记录事故发生时间、监控系统报文的情况等信息，确认信息记录是否正确完备。

（2）汇报调度并安排人员进行现场一、二次设备检查。值班长组织人员汇报调度，向站领导推送相关信息，同时安排人员开展现场一、二次设备检查。

1）一次设备检查情况。值长安排人员 B、C（见附录）带对讲机赶赴 500kV GIS 室查看 5083 断路器电气指示和机械指示均在合位，现场检查 500kV 交流进线Ⅶ线线路 5083 断路器 B 相油压确在下降位置，现场向值长申请拉开 500kV 交流进线Ⅶ线线路 5083 断路器电机电源空开，现场汇报 500kV 交流进线Ⅶ线线路 5083 断路器 B 相油压低于标定线（53.1MPa）且有下降趋势，现场无异常声响和气压正常，A 相、C 相油压正常。现场汇控柜过流过时指示灯闪烁，并检查机构箱内泄压阀位置，油位是否正常，有无漏油情况。发现 B 相机构箱内存在渗油情况，并将现场检查情况汇报主控室。

5083 断路器油泵额定压力为 53.1MPa，重合闸闭锁压力为 52.6MPa，油压闭锁合闸告警为 48.2MPa，油压低闭锁分闸告警为 45.3MPa。当油压下降至油压低闭锁分闸闭锁时，断路器将无法正常操作，扩大停电范围。

2）二次设备检查情况。500kV 2 号继电器室查看 5083 断路器保护装置上显示为合位，装置面板显示断路器 OCO 闭锁开入。

3）第二次汇报调度并向站领导推送相关信息。防止油压继续降低至油压低闭锁分闸时无法进行正常操作，立即汇报站部及公司领导并向调度申请将 500kV 交流进线Ⅶ线线路 5083 断路器转为检修状态，对 500kV 交流进线Ⅶ线线路 5083 断路器进行详细检查及处理。

3.3 故障点隔离

（1）向调度申请将 500kV 交流进线Ⅶ线线路 5083 断路器转检修，并将 5083 断路器进行隔离。

（2）操作 500kV 交流场将 5083 断路器转为冷备用。

（3）合上 508317、508327 接地开关，将 5083 断路器转检修。

（4）申请退出 5083 断路器保护。

3.4 整理相关记录，编制"事故快报"

由站内运维专责根据现场信息编制"事故快报"，2021 年 4 月 17 日 15:30:42 某换流站 500kV 交流进线Ⅶ线线路 5083 断路器油压低闭锁重合闸；故障设备于 2019 年 1 月 11 日正式投入运行，型号为 LW13-800，现场天气情况良好，站内双极四换流器大地回线方式运行，输送功率 4158MW，设备运行正常；500kV 交流系统 5083 断路器由运行转检修；经站内审核无误后报送运检部。

3.5 检修处理工作

站内领导安排相关专业组织抢修，站内检修专业开票工作，对故障设备情况进行详细检查：开展故障设备及相关一次设备开展例行及诊断性试验，整理现场相关资料。

确定有问题的设备后，准备备品备件及工器具，开展站内抢修工作。如有需要，联系应急抢修单位到站进行处理。

案例 2

GIS 设备 SF₆ 气体压力缓慢下降

1．预想事故情况

监盘人员发现一体化在线监测后台显示"500kV GIS 至 1 号主变压器 G312A 气室 SF_6 压力有缓慢下降趋势"。

2．运行方式

2.1 直流系统

（1）双极典型方式一运行，输送功率 4500MW，当前本站为主控站。

（2）极 I 控制保护 A 套（pole one pole control and protection A，P1PCPA）、极 I 高端阀组控制保护（pole one converter C&P A，CCP11A）、极 I 低端阀组控制保护，（pole one converter C&P A，CCP12A）、极 II 控制保护 A 套（pole two pole control and protection A，P2PCPA）、极 II 高端阀组控制保护（pole two converter C&P A，CCP21A）、极 II 低端阀组控制保护（pole two converter C&P A，CCP22A）主用，极 II 为控制极。

（3）安全稳定控制装置正常投入运行。

2.2 交流系统

（1）500kV 交流进线 I 线、II 线、III 线、IV 线、V 线、VI 线、VII 线、VIII 线运行，500kV 1、2 号母线运行，500kV 交流场所有断路器运行。

（2）第一、二、三、四大组滤波器母线运行，5611、5612、5613、5621、5622、5623、5631 交流滤波器运行。

（3）750kV 1 号母线、2 号母线运行，750kV 交流进线 I 线、750kV 交流进线 II 线、750kV 交流进线 III 线，750kV 所有断路器运行正常，1、2、3 号主变压器运行正常，66kV 电容器在冷备用状态，66kV 电抗器在热备状态正常。

（4）110kV 站用变压器、66kV 1 号站用变压器、2 号站用变压器运行，10kV 0 号母线、1 号母线、2 号母线运行。

2.3　站用低压直流系统

站公用站用低压直流系统、极Ⅰ高端阀组站用低压直流系统、极Ⅰ低端阀组站用低压直流系统、极Ⅱ高端阀组站用低压直流系统、极Ⅱ低端阀组站用低压直流系统、500kV 交流场站用低压直流系统、750kV 交流场站用低压直流系统、交流滤波器场站用低压直流系统运行。

2.4　现场天气情况

晴，气温为 28℃，西北风 2 级。

3．事故处理过程

3.1　异常现象

（1）事故警铃响起。

（2）重要报文信息：正常。

（3）交流场界面状态：正常。

（4）直流场界面状态：正常。

（5）直流顺控界面状态：正常。

（6）其他重要信息状态描述（包括辅助、一体化在线检测等信息）：500kV GIS 至 1 号主变压器 G312A 气室 SF_6 压力有缓慢下降趋势。

（7）一次设备信息：正常。

3.2　设备检查及分析判断

（1）监控后台检查。

值长立即安排 A（见附录）关注母线电压波动情况，安排 D 编写异常信息汇报至站内领导、专责及设备主人。

（2）汇报调度并安排人员进行现场一、二次设备检查。

1）2020 年 9 月 23 日 A 监盘发现一体化在线监测后台"500kV GIS 至 1 号主变压器 G312A 气室 SF_6 压力有缓慢下降趋势"，立即汇报值长。值长安排 B、C 立即现场检查至 1 号主变压器 G312A 气室表记示数［携带工具：防毒面具、相机、对讲机、巡检钥匙、照明手电（必要时）］。

2）值长安排 B、C 赶往现场，检查表计是否有漏气的声音，检查表计接头是否松动，并用扳手紧固表计阀门接口；再检查表计关联的气室外观有无油污渗漏明显的情况，并站在上风口借助使用 SF_6 泄漏仪、SF_6 红外成像仪对至 1 号主变压器 G312A 气室进行泄漏检测。

3）现场通过相关技术手段确认气室泄漏情况，发现该气室盆式绝缘子的注塑口有漏气现象，配合检修人员对该处进行打密封胶处理，暂时观察无继续渗漏现象，并在线对气室进行 SF_6 在线补气至额定值以上并划线，后续观察泄漏情况。

4）值长安排 E 定时抄录一体化 SF_6 后台至 1 号主变压器 G312A 气室压力，安排 B、C 定时现场抄录气室压力。

5）经过定时抄录发现至 1 号主变压器 G312A 气室 SF_6 压力仍有下降趋势且发现渗漏点的渗漏情况有加速趋势，且无法控制。

6）立即汇报站内领导，经领导同意，向调度申请停运 1 号主变压器，防止事故的扩大，按一台主变压器停运时的安控要求，申请将双极直流系统功率降至 3000MW，并将 1 号主变压器的中压侧接地。

7）待 1 号主变压器停电，向调度提交计划票，准备对漏气的盆式绝缘子进行更换。

3.3　故障点隔离

（1）申请将 1 号主变压器运行转冷备用。

（2）2 号主变压器中压侧接地。

3.4　整理相关记录，编制"事故快报"

由站内运维专责根据现场信息编制"事故快报"，经站内审核无误后报送运检部。

3.5　检修处理工作

站内领导安排相关专业组织抢修。站内检修专业开票工作，对故障进行详细检查：开展故障设备及相关一次设备开展例行及诊断性试验，整理现场相关资料。确定有问题的设备后，准备备品备件及工器具、开展站内抢修工作、如有需要联系应急抢修单位到站进行处理。

案例 3

低温 SF_6 压力降低

1．预想事故情况

2021 年 1 月 14 日 15:00，监盘人员通过一体化后台发现 5641 交流滤波器断路器气室 SF$_6$ 压力持续降低。

2. 运行方式

2.1 直流系统

（1）双极典型方式一运行，输送功率 4000MW，当前本站为主控站。

（2）极Ⅰ控制保护 A 套（pole one pole control and protection A，P1PCPA）、极Ⅰ高端阀组控制保护（pole one converter C&P A，CCP11A）、极Ⅰ低端阀组控制保护（pole one converter C&P A，CCP12A）、极Ⅱ控制保护 A 套（pole two pole control and protection A，P2PCPA）、极Ⅱ高端阀组控制保护（pole two converter C&P A，CCP21A）、极Ⅱ低端阀组控制保护（pole two converter C&P A，CCP22A）主用，极Ⅱ为控制极。

（3）安全稳定控制装置正常投入运行。

2.2 交流系统

（1）500kV 交流进线Ⅰ线、Ⅱ线、Ⅲ线、Ⅳ线、Ⅴ线、Ⅵ线、Ⅶ线、Ⅷ线运行，500kV 1 号母线、2 号母线运行，500kV 交流场所有断路器运行。

（2）第一、二、三、四大组滤波器母线运行，5611、5613、5621、5622、5623、5643 交流滤波器运行。

（3）750kV 1、2 号母线运行，750kV 交流进线Ⅰ线、750kV 交流进线Ⅱ线、750kV 交流进线Ⅲ线，750kV 所有断路器运行正常，1、2、3 号主变压器运行正常，66kV 电容器在冷备用状态，66kV 电抗器在热备状态正常。

（4）110kV 站用变压器、66kV 1 号站用变压器和 2 号站用变压器运行，10kV 0、1、2 号母线运行。

2.3 站用低压直流系统

站公用站用低压直流系统、极Ⅰ高端阀组站用低压直流系统、极Ⅰ低端阀组站用低压直流系统、极Ⅱ高端阀组站用低压直流系统、极Ⅱ低端阀组站用低压直流系统、500kV 交流场站用低压直流系统、750kV 交流场站用低压直流系统、交流滤波器场站用低压直流系统运行。

2.4 现场天气情况

多云，环境温度 -20℃。

3. 事故处理过程

（1）监盘人员 A（见附录）通过一体化在线监测后台在对各个断路器气室压力比对分析时发现，5641 交流滤波器断路器气室压力持续下降，未达到报警值，立即汇报值长，值长安排 D 检查 OWS 后台报文查看 5641 交流滤波器断路器伴热带是否正常启动，同时安排 A 检查其他气室压力有无下降趋势。

（2）值长安排 B、C 至工器具室携带防毒面具、红外测温仪、望远镜、巡检钥匙、万用表到 5641 交流滤波器处进行检查。

（3）A 汇报值长其他断路器气室 SF_6 压力无下降趋势，D 汇报值长，OWS 后台 5641 断路器伴热带未启动，交流滤波器场内其他 17 台伴热带均已启动。

（4）值长安排 B、C 对 5641 断路器罐体伴热带进行测温，测温发现该罐体伴热带温度约为-15℃，值长通知现场打开汇控柜柜门检查伴热带温控器是否正常，用万用表对回路进行检查测量。

（5）值长立即汇报站部，同时通知检修人员协助检查。安排 D 编制汇报微信发送至站部审核，站部审核无误后汇报公司运检部（汇报内容："2021 年 1 月 14 日 15:00，某站运维人员通过一体化在线后台比对分析发现，5641 断路器气室断路器压力持续下降，目前现场压力为 0.785MPa，该断路器 SF_6 报警压力为 0.77MPa，闭锁压力为 0.75MPa，现场天气多云，气温-20℃。目前现场正在进一步检查。"）。

（6）B、C 汇报值长，现场检查该组伴热带温控器现场启动定值为-17℃，对回路进行测量，发现该组伴热带未正常启动。

（7）值长立即安排 B、C 现场调整该组伴热带温控器定值，将定值调高到-14℃，检查伴热带是否正常启动。

（8）A 汇报值长 OWS 后台发现 5641 伴热带启动报文，值长通知 B、C 用红外测温仪检测伴热带是否正常启动。

（9）B 汇报值长现场伴热带正常启动，利用红外测温仪对该组伴热带测温发现温度为 30℃，检修人员已到场，正在检查该组伴热带为何未正常启动（若现场伴热带未正常启动，现场则用外接加热带对该组断路器气室进行保温加热）。

（10）值长安排 A 对该组断路器气室压力进行持续监测，经半小时汇报值长，该台断路器气室压力呈上升趋势，SF_6 气体温度呈上升趋势。

（11）检修人员汇报主控室，通过检查初步判断为该台断路器伴热带温控器故障，准备开票对故障温控器进行更换处理。

（12）值长编辑汇报信息"2021 年 1 月 14 日 15:00，运维人员通过一体化在线后台比对分析发现，5641 断路器气室断路器压力持续下降，现场通过调高定值后（原启动定值为−19℃，调整后定值为−14℃）启动伴热带，经过半小时观察，SF₆ 压力及气体温度呈上升趋势，检查发现为该组伴热带温控器故障，现场检修人员准备开票更换故障温控器"，汇报站部领导，由站内汇报公司运检部。

案例 4

交流滤波器 61 号 M 大组母差动作和 5612 C 相差动保护动作

1. 预想事故情况

2020 年 2 月 14 日 15:32，某 ±800kV 直流换流站 OWS 事件报出"AFP1A/B 5612 差动保护 C 相跳闸_启动/动作，第一大组母线差动保护 C 相跳闸_启动/动作，5612 断路器跳闸并锁定，5081、5082 断路器跳闸并锁定，5622 交流滤波器自动投入运行。"

2. 运行方式

2.1　直流系统

（1）双极典型方式一运行，输送功率 2000MW，当前本站为主控站。

（2）极Ⅰ控制保护 A 套（pole one pole control and protection A，P1PCPA）、极Ⅰ高端阀组控制保护（pole one converter C&P A，CCP11A）、极Ⅰ低端阀组控制保护（pole one converter C&P A，CCP12A）、极Ⅱ控制保护 A 套（pole two pole control and protection Λ，P2PCPA）、极Ⅱ高端阀组控制保护（pole two converter C&P A，CCP21A）、极Ⅱ低端阀组控制保护（pole two converter C&P A，CCP22A）主用，极Ⅱ为控制极。

（3）安全稳定控制装置正常投入运行。

2.2　交流系统

（1）500kV 交流进线Ⅰ线、Ⅱ线、Ⅲ线、Ⅳ线、Ⅴ线、Ⅵ线、Ⅶ线、Ⅷ线运行，500kV 1 号母线、2 号母线运行，500kV 交流场所有断路器运行。

（2）第一、二、三、四大组滤波器母线运行，5611、5612、5613、5623、5631、5641、5643 交流滤波器运行。

（3）750kV 1 号母线、2 号母线运行，750kV 交流进线Ⅰ线、750kV 交流进线Ⅱ线、750kV 交流进线Ⅲ线，750kV 所有断路器运行正常，1、2、3 号主变压器运行正常，66kV 电容器在冷备用状态，66kV 电抗器在热备状态正常。

（4）110kV 站用变压器、66kV 1 号站用变压器、2 号站用变压器运行，10kV 0 号母线、1 号母线、2 号母线运行。

2.3　站用低压直流系统

站公用站用低压直流系统、极 I 高端阀组站用低压直流系统、极 I 低端阀组站用低压直流系统、极 II 高端阀组站用低压直流系统、极 II 低端阀组站用低压直流系统、500kV 交流场站用低压直流系统、750kV 交流场站用低压直流系统、交流滤波器场站用低压直流系统运行。

2.4　现场天气情况

晴，气温为 0℃，西北风 4 级。

3.　事故处理过程

3.1　异常现象

（1）事故警铃响起。

（2）重要报文信息："AFP1A/B 5612 差动保护 C 相跳闸_启动/动作，第一大组母线差动保护 C 相跳闸_启动/动作，5612 断路器跳闸并锁定，5081、5082 断路器跳闸并锁定，5622 交流滤波器自动投入运行"。

（3）交流场界面状态：正常。

（4）直流场界面状态：正常。

（5）直流顺控界面状态：正常。

（6）其他重要信息状态描述（包括辅助、一体化在线检测等信息）：正常。

（7）一次设备信息：正常。

3.2　设备检查及分析判断

（1）监控后台检查。记录事故发生时间、监控系统报文、设备状态、功率转带情况等信息，确认信息记录。

（2）汇报调度并安排人员进行现场一、二次设备检查。值班长组织人员汇报调度，向站领导推送相关信息，同时安排人员开展现场一、二次设备检查。

1）一次设备检查情况：现场检查 GIS 开关设备、61 号母线大组交流滤波器场设备、5612 C 相没有发现异常，设备外壳没有闪络痕迹，断路器 SF_6 压力正常。

2）二次设备检查情况：检查 53 小室第一大组滤波器保护装置 A、B 两套保护装置均动作。检查一体化在线监测系统 5612 断路器 SF_6 密度和压力没有明显异常。在故障录波工作站查看波形，查看 61 号母大组交流滤波器差动保护故障录波，发现 5081、5082 断路器 C 相电流峰值达到 10000A、6000A，C 相大组差动电流值达到 10000A，大于定值，保护动作正确；5612 C 相罐式断路器母线侧电流峰值达到 10000A，其他电流均为 0，远大于定值，保护动作正确。5612 小组滤波器保护 C 相过流定值最大为 2000A，故障电流大于定值，保护动作正确现场检查保护装置与后台报文及录波分析结果一致，双套滤波器保护装置正确动作，断路器正确跳开，通过大组差动、小组差动、过电流保护动作情况分析，初步判断为 5612 C 相断路器母线侧套管 TA 与断口之间发生故障，需后续开展 SF$_6$ 分解物检测仪对 5612 C 相断路器进行检查。

3）汇报国调。汇报调度并申请将 5612 交流滤波器由热备用转为检修，对一次设备及二次设备进一步详细检查及处理。

3.3 故障点隔离

（1）5612 交流滤波器由热备用转为检修。

（2）5081、5082 断路器转运行；61 号母线大组交流滤波器母线转运行。

3.4 整理相关记录，编制"事故快报"

由站内运维专责根据现场信息编制"事故快报"，2020 年 2 月 14 日 15:32 某 ±800kV 直流换流站 500kV 61 号母线母差动作和 5612 C 相差动保护动作；初步判断为 5612 C 相断路器母线侧套管 TA 与断口之间发生故障；故障设备于 2019 年 2 月正式投入运行，型号为 550PM63-40，现场天气情况良好，站内双极四换流器大地回线方式运行，输送功率 2000MW，设备运行正常；5612 交流滤波器由热备用转为检修；经站内审核无误后报送运检部。

3.5 检修处理工作

站内领导安排相关专业组织抢修。站内检修专业开票工作，对故障设备跳闸情况进行详细检查：开展故障设备及相关一次设备开展例行及诊断性试验，整理现场相关资料。确定有问题的设备后，准备备品备件及工器具、开展站内抢修工作、如有需要联系应急抢修单位到站进行处理。

第五章　直流系统典型事故预想与处理

第一节　直　流　开　关

直流开关用于高压直流电传输系统（direct current，DC）侧的很多应用类型。典型的应用有：

（1）换流器的旁路开关。

（2）DC 侧的快速连接或断开开关。

（3）直流滤波器连接或断开。

（4）中性母线开关。

（5）变电站极柱到双极耦合接地导体的连接或断开。

一、结构

直流开关由带有操动机构的极柱组成，直流开关结构见图 5-1。每个极柱由 3 个主要部件组成：

（1）1 个气室。

（2）1 个空心支持绝缘子和绝缘拉杆。

（3）1 个 T—单元，包括两个开断单元、法兰和接线法兰，接线法兰和 T—气室连接。开断单元包括 1 套上电流通道和下电流通道，集成了触头装置和 1 个可移动的压气缸。固定触头集成到上

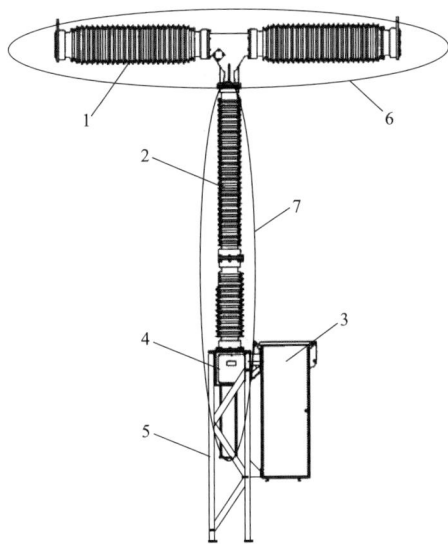

图 5-1　直流开关结构

1—灭弧单元；2—支持绝缘子；3—操动机构

BLG 1002A；4—气室；5—支架；

6—T—单元　；7—支持绝缘子单元

电流通道。压气缸在下电流通道内部上下移动。均压电阻可以同开断单元并联。极柱安装在单独的支架上。支架经过热浸镀锌处理，包括两个焊接的部件，使用螺栓横撑相互连接。

二、开断原理

如图 5-2 所示，压气缸 1 在分闸操作的时候被拉向固定活塞，将装入的气体压缩，将其从喷嘴 2 高速喷向弧触头 3、4。当弧触头分离时，会产生电弧，在电流强的时候会阻塞喷口。当电流接近电流零点通道时，气体开始从压气缸流出。特别设计的喷嘴确保气体流动导向电弧。气体可以流过移动弧触头 3，以及固定弧触头 4。当电弧冷却后，就会熄灭，电流被切断。电流通道有单独的主触点，在灭弧触点前后打开和关闭，断开后不会受到电弧影响。合闸的时候，压气缸向外移动，触点接触，压气缸充满气体。

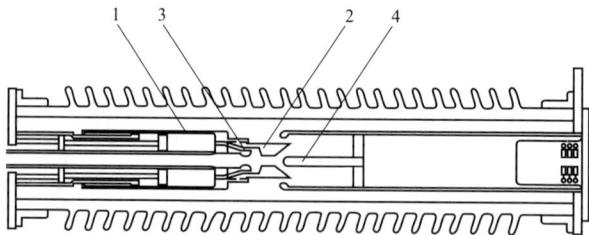

图 5-2　直流开关开断原理

1—压气缸；2—喷嘴；3、4—弧触头

三、操动机构

该操动机构包括 1 个合闸弹簧，以及 1 个电机操动机构，在每次合闸操作结束后，自动对合闸弹簧进行储能。

如图 5-3 所示，1 个合闸脱扣器保持合闸弹簧处于储能状态，可满足断路器合闸，并给分闸弹簧储能的要求。1 个分闸脱扣器保持合闸状态，断路器和储满能量的分闸弹簧在可以立即分闸的状态。

操动机构的零部件集中装在机柜中，机柜里面还有 1 个操作面板。为了便于操作机构的维修和大修工作，您可以移除机柜的上盖并打开操作面板。标准操作循环是分闸—0.3s—合分—3min—合分（IEC）或合分—15s—合分（ANSI）。

当断路器和二次继电器系统的操作涉及超过 3 个合闸操作，操作之间的时间间隔不应该小于 1min。

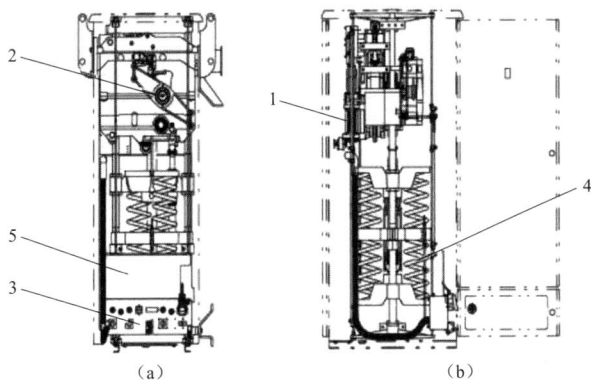

图 5-3　直流开关操作结构

（a）合闸弹簧处于储能状态；（b）分闸弹簧分闸

1—驱动单元；2—机械装置；3—操作面板；4—弹簧组件；5—加热器

第二节　换流阀介绍

换流阀是直流输电系统中的关键设备，它的作用是把交流电变换成直流电（称为整流），或者把直流电变换成交流电（称为逆变）。通常用来换流的有 6 脉动换流阀和 12 脉动换流阀，12 脉动换流阀是由 2 个 6 脉动换流阀串联而成。按照触发原理的不同，可分为光控晶闸管换流阀（light trigger thyristor，LTT）和电控晶闸管换流阀（electric trigger thyristor，ETT），特高压换流站内使用的换流阀都是 ETT 电触发类型。

由电触发晶闸管 ETT 组成的换流单元称为 ETT 换流阀。电触发晶闸管的工作原理是把阀控系统来的触发信号转化为光信号，由光缆将光信号传送到每个晶闸管级，在门极控制单元把光信号转换成电信号，经放大后触发晶闸管元件。这种触发方式利用了光电器件和光纤的优良特性，实现了触发脉冲发生装置和换流阀之间低电位和高电位的隔离，同时也避免了电磁干扰，减小了各元件触发脉冲的传递时差。

一、基本性能

1. 晶闸管元件性能

（1）阳极伏安特性。当加在晶闸管元件上的正向阳极电压增加时，如果门极电流为零，正向阳极电流将随阳极电压的增加而从零缓慢加大，即使正向电压已加到很高，电流仍只有几毫安，元件处于正向阻断状态，此时的阳极电流称为正向漏电流。待电压升到某一数值 U_{DSM}，电流突然急剧增加，管压降突然降至 0.5~1.5V 时，元件转入导通状态，U_{DSM} 称为断态不重复峰值电压。如果元件上的电压多次超过 U_{DSM}，且有大电流通过，则使元件特性恶化以致损坏。如果门极电流不为零，则随着门极电流的增加，晶闸管元件由阻断状态变为导通状态所需的正向阳极电压就减小。如果门极电流达到其可触发的电流，则晶闸管元件在很低的正向阳极电压下就能导通。

晶闸管元件的阳极与阴极之间加上反向电压时的特性和二极管相似，只有很小的方向漏电流，且随反向电压的加大而增大。如果方向电压达到 U_{RSM}（称为反向不重复峰值电压）时，反向电流急剧增加，元件将被击穿而损坏，因而元件上所加的反向电压只能小于 U_{RSM}。

（2）门极特性。晶闸管元件的门极正向电压和正向电流之间的关系，称为门极特性。在门极与阴极之间施加正向电压，必然显示出二极管的特性，但又有别于普通二极管。其正、反向电阻差别较小，在门极正常触发区，应既能使元件可靠触发开通，又不致使门极击穿或过热。

（3）断态重复峰值电压（U_{DRM}）。指晶闸管门极断路和正向阻断条件下，可施加的重复率为 50 次/s 且持续时间不大于 10ms 的断态最大冲击电压。

（4）反向重复峰值电压（U_{RRM}）。指晶闸管在门极断路条件下，可施加的重复率为 50 次/s 且持续时间不大于 10ms 的反向最大脉冲电压。

（5）额定平均申流。指在规定的环境和散热条件下，允许通过的工频正弦半波电流的平均值，而表征元件发热情况的电流常以有效值表示。

（6）断态临界电压上升率 du/dt。在额定结温和门极开断条件下，不导致晶闸管元件从断态转变为通态的最大阳极电压上升率，一般在每微秒几 kV 范围内，允许的 du/dt 最大值与结温有关，结温越高，允许的 du/dt 越低。

（7）通态临界电流上升率 di/dt。当用门极触发使元件开通时，晶闸管元件能承受而不发生有害影响的最大通态电流上升率，一般在每微秒数千安范围内。晶闸管允许的 di/dt 大小与开通过程有关。当元件开通时，首先在门极附近的结面逐渐形成导通区，其次逐步扩展到整个结面完全导通，整个过程约几微秒到几十微秒。若 di/dt 过大，元件 PN 结面还未完全导通，门极附近的结面电流密度过大，则会发生局部过热而导致元件损坏。

（8）开通时间 T_{ON}。从门极加上触发脉冲开始到阳极电流上升到稳态值10%的这段时间，称延迟时间 T_{do}，与此同时，阳极与阴极间的压降在减小。阳极电流从稳态值10%上升到90%所需的时间，称为上升时间 T_{ro}。开通时间 T_{ON} 的定义为上述两者之和，即 $T_{ON}=T_{do}+T_{ro}$。

（9）关断时间 T_{OFF}。这里所说的关断是指元件的阳极、阴极回路在外电路作用之下使晶闸管元件开始关断，不涉及门极可关断的晶闸管元件。关断时间在额定结温下，元件正向电流为零起到元件恢复阻断能力为止的这段时间。关断时间 T_{OFF} 是反向阻断恢复时间 T_{rr} 和正向阻断恢复时间 T_{pr} 之和，即$T_{OFF}=T_{rr}+T_{pr}$。

换流阀性能的优劣与晶闸管元件的特性直接相关。从换流阀的设计基本要求看，阀的优化是综合考虑技术和经济的复杂问题，其中串联晶闸管元件最少和优选晶闸管元件参数是阀设计的一个重要目标。为减少串联元件数，降低相应损耗和成本，应要求元件耐压水平高，电流定值大，即要求提高单个元件的开关功率容量。除减少元件串联数外，阀设计还应降低串联回路中电压分布不均匀系数，并更好地利用晶闸管元件的电流能力，以及阀内晶闸管元件各种参数的分散性为最小。如元件的开通时间应尽可能一致，尽可能小，这样可大大减小开通过电压；元件的恢复电荷尽可能小，尽可能一致，这样可大大减小关断过电压，提高关断速度；又如元件的 di/dt 能力、承受浪涌电流能力应尽可能高，将有利于降低阀的成本及尺寸；选择触发功率小和通态压降低的晶闸管元件，可减少阀的损耗。目前有不少耐压水平高的元件还不能用在直流换流阀上，就是因为通态压降太高，使阀的损耗高到无法接受，若仅为降低阀损耗，选用通态压降低的元件，则其耐压能力又受到很大的限制，将导致串联元件数增加。

由于晶闸管元件参数之间相互制约，现代高压直流换流阀的设计应根据性能要求，合理地选择主要参数指标，换流阀的设计也是晶闸管元件参数优化的过程。

2. 阀的耐压性能

晶闸管阀应能承受各种不同的过电压，阀的耐压设计应考虑保护裕度。当考虑到电压的不均匀分布、过电压保护水平的分散性，以及其他阀内非线性因素对阀应力的影响时，保护裕度必须足够大。根据工程经验，不计阀内冗余元件，阀和多重阀单元的耐压应有的保护裕度是：对于操作冲击和雷电冲击应，大于避雷器保护水平的15%；对于陡波头冲击，应大于避雷器保护水平的20%。

通常阀的过电压耐受能力是由每个晶闸管的耐压水平通过多个元件串联叠加来实现的，故在一定的元件耐压水平参数下，阀的耐压能力由晶闸管的串联元件数所决定。阀臂中每数个元件串联后（称为组件或阀段）与 1 个（或数个）饱和电抗器串联，而该电抗器将承受陡波冲击的大部分过电压和雷电冲击的部分过电压，而且平波电抗器也会限制从线路侵入的雷电波，因此这两种过电压对换流阀阀臂串联元件不是主要控制因素。操作冲击是决定串联元件数的主要因素，由于多个元件串联和各元件对端部的杂散电容及元件特性的不均匀性，尽管有均压回路，但仍会存在电压分布的不均匀。操作冲击波的电压分布不均匀系数，目前制造水平可达到 1.05～1.10，这是决定换流阀阀臂最小串联元件数时应该予以考虑的因素。

从绝缘配合要求看，阀臂正向非重复阻断电压应高于避雷器保护水平和最小正向紧急触发电压，阀臂的反向非重复阻断电压应高于避雷器保护水平，并满足最小绝缘配合裕度要求。此外，阀应能在晶闸管级保护触发动作时连续运行，在最大工频过电压，如交流系统故障后的甩负荷工频过电压下，阀的保护触发不应因逆变换相暂态过冲而动作，保护触发不应影响此后的直流系统恢复。另外，在正常控制过程中的触发角快速变化，不应引起保护触发动作。

为了换流阀的安全可靠运行，在进行换流阀设计时，还要考虑元件的故障率和冗余度。根据经验，每个阀中晶闸管级的冗余数应大于运行周期内晶闸管级损坏数目期望值的 2.5 倍，也不应小于阀中晶闸管级总数的 3%。晶闸管级的故障率应包括晶闸管元件故障率及辅助元件，如阻尼电容器、阻尼电阻器和控制单元的故障率。依据工程经验，晶闸管换流阀的冗余度不宜小于 1.03，且每阀臂冗余元件不应少于 2 个。

3. 阀的电流性能

晶闸管阀应能承受在额定运行工况、连续过负荷工况及短时过负荷工况下的直流电流，这是由直流系统正常运行方式所决定的。而且还应具有一定的暂态过电流能力，这是由系统故障条件所提出的要求。对晶闸管元件来说，常用浪涌电流 I_{STM}。

二、其他要求

1. 阀的损耗特性

换流阀的损耗是高压直流输电系统性能保证值的重要基础，是评价换流阀性能优劣的重要指标。根据直流输电工程的经验，换流站在额定工况时的损耗约小于传输功率的 1%，而阀的损耗则占全站损耗的 25% 左右。

2. 阀的热性能

换流阀在运行中产生各种损耗，对晶闸管元件的影响就是导致元件结温升高。晶闸管元件的额定参数主要取决于在元件内产生的热量及元件把内部热量传到外壳的能力，故运行损耗产生的结温升高是晶闸管元件额定参数选择的限制因素，而阀的热力设计就是要将晶闸管的运行结温维持在正常的范围内，需考虑各种稳态和暂态工况、晶闸管结温工作范围、冷却系统设计等多方面因素。

阀的热力强度设计基于阀的额定工作电流、各种过负荷电流及暂态故障电流、前两种电流属于稳态运行工况。晶闸管元件目前制造水平的正常工作结温允许范围是 60 ~ 90℃，因此冷却系统额定容量选择应能满足这一要求。各种暂态故障电流将决定晶闸管元件的最高允许结温。换流阀承受故障电流的过程，对晶闸管元件来说，可以假定为一个绝热过程，冷却系统和散热器基本不起作用，此过程表现为晶闸管元件结温的急剧上升。评价阀承受故障电流的能力，主要看故障末期结温，以及故障切除后马上承受正向工作电压时的最大结温。要求实际最大结温应小于导致永久损坏晶闸管元件的极限结温，并留有一定裕度。目前，国际上的制造水平是：导致永久性损坏的极限结温为 300 ~ 400℃，承受最严重故障电流后的最高结温为 190 ~ 250℃。

一般来说，阀承受故障电流能力取决于晶闸管元件直径，直径越大，过电流能力越强。

3. 阀内元部件的防火特性

换流阀是由大量的塑料、合成材料和非导电体组成。应当明确阀内的非金属材料具有很低的可燃性，并能自灭，所有的塑料都添加了足够的阻燃剂。阀内电子电路设备，设计时尽量使用具有低燃烧特性的元部件。

此外，阀厅安装了完善的火灾探测系统，用于早期的火灾报警。

该站极 I 采用中电普瑞 A5000 型换流阀，A5000 型换流阀按照 IEC 60700-1 相关标准要求，成功通过了换流阀高压绝缘及运行型式试验，性能优良。A5000 型换流阀适用于额定电压 ±800kV、额定电流 6250A 的特高压直流输电工程，并具有向下兼容能力。

（1）绝缘配合优化。A5000 型换流阀在设计之初即考虑了直流工程换流阀的通用性，以及高海拔地区应用的可能性，因而换流阀在空气净距设计上保留了合理的裕度。考虑到换流阀运行时内外结构运行电压波形的差异，不同类型电压下积污的差异及阀可能的漏水，以及主冷却水管的凝露，换流阀内部绝缘和外部绝缘采用了不同的爬电比距。该内外绝缘区分设计方法既保证了换流阀绝缘的安全，又降低了绝缘成本。

（2）关键零部件优化。饱和电抗器采用分体式设计，优化了换流阀模块空间结构，合理分布了换流阀模块的质量载荷；晶闸管触发与监测单元采用了智能化设计，具有大容量储能和瞬时取能的双重取能功能，具有电流断续保护触发，晶闸管恢复期保护和 $\mathrm{d}v/\mathrm{d}t$ 保护，以及智能晶闸管正向过电压保护等功能。

（3）新型阀组件。A5000 阀模块采用大组件设计方案，1 个阀模块包括 2 个阀组件，每个阀组件的晶闸管级数可根据工程需求灵活调整，最多可达 9 级。在单阀晶闸管串联级数一定的情况下，大组件可以有效地减少阀模块数量，降低阀塔高度，提高换流阀结构的可靠性，降低换流阀的设计、生产、制造和工程应用成本。

（4）高效率和高可靠性阀配水系统。阀塔采用并联方式为各阀模块供水，阀模块采用进出水、对角布置串、并联方式冷却晶闸管、阻尼电阻和饱和电抗器。新型的阀配水系统采用大口径水管，可以实现元器件均温冷却，冷却能力强，可满足更高功率输送要求；环境适应能力、耐水压能力、耐腐蚀能力和高低温循环能力强；流量调节范围宽，冷却介质可添加乙二醇；水管连接点结构简单可靠，连接点数量较阀模块并联冷却方式少，管路密封性好，安装和拆卸方便。

（5）双列多点悬吊方式。采用双列阀塔柔性悬吊布置方式，降低了阀塔高度，并合理利用了阀厅的有效长度；增强了换流阀结构柔性和地震应力作用下的适用性，设计满足 IEEE 693 和 GB 50260—2013《电力设施抗震设计规范》标准要求，防震烈度为 9 级。

（6）优异的防火性能。A5000 型换流阀所有器件均采用符合 UL 94 标准的防火、防爆设计，光缆/纤及控制板卡选材均采用阻燃材料，换流阀模块及阀塔所有绝缘支撑材料均采用无卤阻燃设计。换流阀整体结构设计充分考虑了横向和纵向火灾蔓延抑制措施，即使在特殊条件下引发火灾，也可以有效降低火灾危害和控制火势蔓延。

将特高压直流输电电流水平从目前的 5000A 提升到 6250A，能够在工程总体投资不显著增加的条件下大幅提高工程输送功率，提升工程总体经济性，输送电流的提升将使直流换流阀通流元件承受更为苛刻的电气应力和热应力，带来换流阀面临串联组件数增加、组部件耐热要求提高、冷却容量增加等难题，对换流阀设备研制提出更高的要求。

相对于已投运的 5000A 换流阀，普瑞工程对 6250A 换流阀进行了电气性能提升，关键零部件（晶闸管、饱和电抗器、通流母排）性能优化，冷却系统冷却容量提升等工作，具体内容如下：

（1）研究了换流变压器、晶闸管、饱和电抗器、换流阀阻尼回路、阀避雷器等设备的优化配合，完成了降低换流阀损耗和减小换流阀电气应力的电气设计。

（2）采用了通流能力更强的 6in7.2kV/6250A 晶闸管，该晶闸管在硅单晶片电阻率均匀性、径向电阻率变化率、翘曲度、表面粗糙度等参数都进行了优化设计，降低了器件的导通压降，减小了器件通态损耗；优化了阻断恢复特性，减小了反向恢复电荷值，可以有效降低换相过冲电压（PCOV），减小阻尼回路损耗。

（3）增加了饱和电抗器绕组导电截面积，降低了铝电阻损耗；采用超薄、低损耗的取向硅钢片，进一步降低了铁芯的发热；降低了电抗器高度，增加了电抗器内径、外径尺寸以优化散热性能，解决了电抗器发热集中的难题。

（4）通过降低入水温度、增加了流量，提高了水冷接线端子散热能力；通过增加主通流回路母排通流截面积，降低了空气冷却通流母排电流密度；通过提高接触表面平面度和现场安装工艺控制，减小了接线端子接触电阻。

（5）采取了降低进水温度，增大水路流量，优化散热器结构，降低稳态/瞬态热阻的措施，以达到提升冷却能力的目的，提高了外冷系统冷却容量冗余配置。

通过上述工作，6250A 换流阀比 5000A 换流阀具有更高的设计裕度，完全满足 ±800kV/6250A 特高压直流输电工程的需求。

本工程将采用 A5000 型换流阀技术。

4．阀塔

阀塔主要包括阀模块、屏蔽罩、悬吊结构件、导电母排、阀配水管路、光缆/纤、阀避雷器等。导电母排、阀配水管路和光缆、光纤分别实现与电气回路、换流阀冷却系统和换流阀控制保护系统的连接。

（1）阀塔整体结构。换流阀整体结构设计主要基于以下原则：

1）结构安全可靠，满足换流阀长期运行的各种工况要求。

2）便于安装和维护，有利于换流阀前期施工和后期运行维护。

阀塔的整体布局不仅考虑了美观和电气设计的需要，而且仔细考虑了诸多相关的复杂因素，如爬电距离、空气净距、内部干扰、杂散电感、分布电容、水压要求、质量分布、安装简便性、维护和试验简易性等。同时，为了实现高可靠性和长期安全运行，仔细考虑了结构材料选型和零部件设计，减小了换流阀发生火灾的风险。

该工程换流阀采用空气绝缘、水冷却、悬吊式二重阀结构。二重阀是将两个单阀串联连接，每个单阀包括 4 个阀模块，每个二重阀共 8 个阀模块，结构上形成 1 个阀塔。本工程设计二重阀塔的最大重量为 14.5t，阀避雷器串最大质量为 1.3t。二重阀的外形尺寸见图 5-4、图 5-5，三维效果见图 5-6。

阀塔采用模块化及标准化结构设计，主结构使用了强度高、重量轻、导电及导热性能好的铝合金材料，还使用了易于加工、防火阻燃性能好的高强度环氧玻璃布层压板（epoxy glass cloth laminate sheet，EPGC）、聚偏氟乙烯（polyvinylidene fluoride，PVDF）等材料，同时最大限度减少电气和水路连接接头，实现了结构简单、组装方便、可靠性高、便于维护及现场安装等换流阀优化设计目标。为了减少阀塔主水管与冷却系统的连接接头，将阀塔主水管与冷却系统的连接转接管做成一体，连接点通过法兰连接。

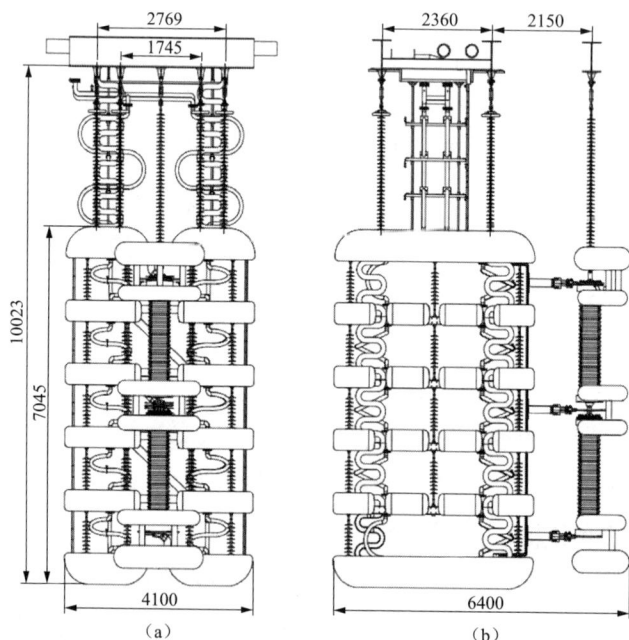

图 5-4　低压阀厅二重阀塔

（a）正视图；（b）左视图

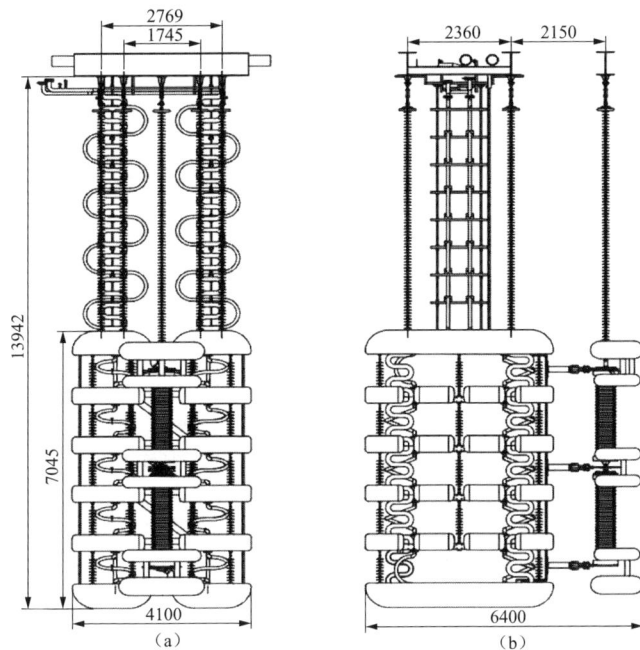

图 5-5　高压阀厅二重阀塔

（a）正视图；（b）左视图

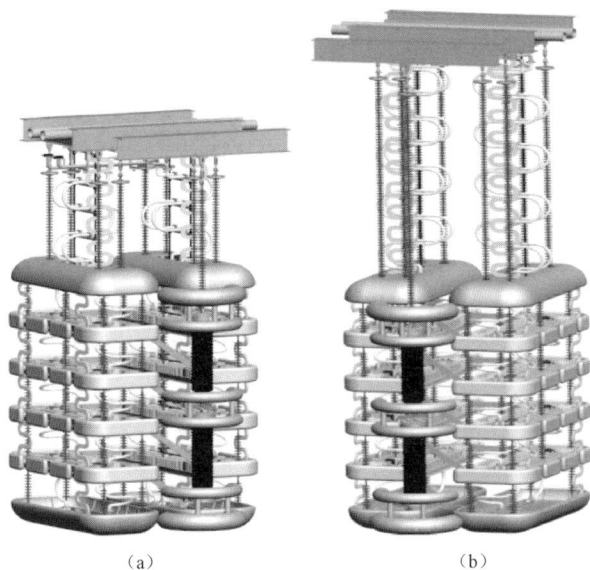

图 5-6　二重阀塔三维效果图

（a）低压阀塔；（b）高压阀塔

（2）阀塔屏蔽结构。阀塔顶部和底部都安装屏蔽罩。屏蔽罩的边缘和棱角按圆弧设计，表面光洁、无毛刺，可以有效改善换流阀在高电压运行时阀塔内部和阀塔对地电场分布特性，防止换流阀在高电压下发生电晕放电。

（3）阀悬吊及支撑结构。悬吊部分采用标准的复合绝缘子和花篮螺栓，将阀塔和阀避雷器悬挂于阀厅顶部的钢梁上，为便于安装，阀塔的悬吊高低位置可以通过花篮螺栓调整。

阀顶部悬吊绝缘子的选择与主回路结构有关。根据招标技术规范，阀顶部悬吊绝缘子雷电冲击耐受水平为 1400/630kV 和操作冲击耐受水平为 1250/567kV。

悬吊结构与阀模块间连接采用柔性连接设计，使每个阀层可在水平方向上摆动。阀顶部的悬吊机构除了能够承受阀塔的自重外，还能够承受垂直方向的拉力，并且具有很大的裕度，这种设计使换流阀可以承受允许的静态和动态载荷，满足工程抗震要求。

（4）换流阀光纤（光缆）。每个晶闸管级都有一个独立的晶闸管触发与监测单元（thyristor triggering and monitoring unit，TTM），每块 TTM 电路板配有两根光纤，分别用于传送触发和回报信号。换流阀以阀组件为独立单元布置光纤，每个阀组件所用的光纤都汇集至层间光纤槽内，再连接至阀塔顶部主光纤桥架，成缆后通过光纤走廊连到阀基电子设备（valve base electronics，VBE），将每根光纤连接到 VBE 相应位置。每个阀组件都配备了备用光纤（放置在晶闸管触发与监测单元组件内）。

每个阀组件的光纤布置在靠近晶闸管触发与监测单元组件的绝缘槽梁上，便于安装和更换。由于光纤不能过度弯曲，专门设计了光纤固定结构，确保光纤可靠固定，光纤弯曲半径不小于 80mm，光缆的弯曲半径不小于 230mm。采用光缆设计减少了工程的施工量，不使用分光器增加了系统的可靠性。

（5）绝缘材料。换流阀绝缘件（塑料件）选用具有抗电晕放电特性的材料。换流阀结构设计核算了各结构件的电压分布，合理地布置了结构件位置，并与屏蔽罩配合，避免换流阀在运行过程中发生电晕放电，降低绝缘材料因电晕放电发生老化的风险。

绝缘材料在长期电压作用下，可能会产生电痕化，使材料性能衰变，表面发生蚀损，严重时会在材料表面产生导电通道。考虑到绝缘材料的电痕化特性，选用相比漏电起痕指数（comparative tracking index，CTI）>300V 的绝缘材料。

（6）避雷器。避雷器（包括阀避雷器）悬吊于阀塔外侧。每个二重阀需要悬吊串联的 2 个阀避雷器，阀避雷器通过管形母线和金具与每个单阀并联连接，形成柔性连接系统，从而满足机械应力及抗震设计要求。

（7）阀塔绝缘。换流阀有两种绝缘型式：空气绝缘（自恢复型绝缘）和固体绝缘（非自恢复型绝缘）。这些绝缘型式在直流应用中已考虑直流、交流和冲击（包括正负极性）电压作用下的绝缘特性。对于空气绝缘，一般基于要求冲击耐受电压，确定最小空气净距；对于固体绝缘，一般以持续运行电压（直流和交流）为基础，确定最小爬电距离。

换流阀绝缘配合设计综合考虑了阀塔在运行过程中交流、直流和冲击电压应力，设计了合理的空气净距和爬电距离，确保换流阀在运行过程中不会发生空气击穿，也不会因为绝缘材料老化或者污秽而产生绝缘材料沿面放电。A5000型换流阀内部空气净距是按照最大额定电压 8.5kV 晶闸管设计的，爬电比距满足招标技术规范要求。

三、阀模块

阀模块是一个独立的功能单元，电气上可以作为一个完整单阀来使用，将多个阀模块串联组装，就可以满足不同电压等级直流输电系统的要求。阀塔同一列中上下相邻的阀模块通过复合绝缘子隔离，不同列中相邻的阀模块通过母线相互连接。

阀模块内的元件布局综合考虑了爬电距离、空气净距、内部干扰、杂散电感、分布电容、水冷、重力分布、安装、检修及试验操作等多种因素，还兼顾了阀模块美学设计。

阀模块由两个阀组件组成，每个阀组件由若干晶闸管级（最大可达 9 级）与饱和电抗器串联而成。每个晶闸管级包括晶闸管、阻尼电容、阻尼电阻、直流均压电阻、取能电阻和 TTM。阀模块框架是阀模块零部件支撑的主体，阀模块的各种器件固定在其上。阀模块结构如图 5-7 所示。

1．框架

阀模块框架是由 2 个无卤素绝缘槽梁和 5 个铝合金横梁组成的支撑结构。绝缘槽梁采用环氧玻璃布复合绝缘材料，经模压工艺成型，具有高强度、高绝缘、耐老化和阻燃（满足 UL 94-V0 或 UL 94-HB 要求）等优良特性。铝合金横梁采用特殊截面设计，具有很高的机械强度。

（a）

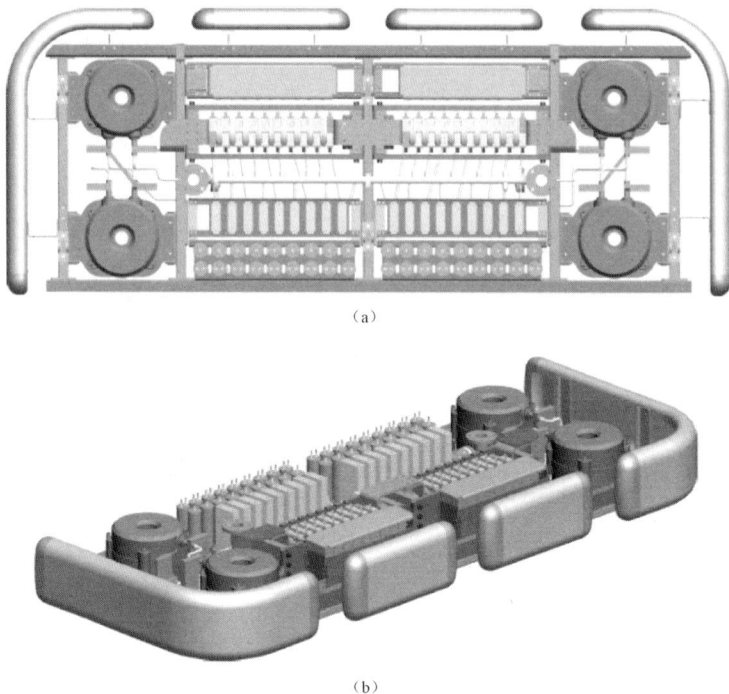

（b）

图 5-7　阀模块结构

（a）俯视图；（b）等轴侧视图

2．外屏蔽

阀模块外围布置了 4 个屏蔽罩，包括 2 个角屏蔽罩和 2 个直屏蔽罩。屏蔽罩采用铝合金板材制成，具有最佳的圆角半径，表面光洁、无毛刺。2 个角屏蔽罩固定在阀模块沿长度方向的两端，通过铝合金支撑件和注塑成型的绝缘结构件，固定在阀模块框架上。2 个直屏蔽罩布置在阀模块外围的中部，通过绝缘支撑结构件，固定在阀模块框架的绝缘槽梁上。

阀模块屏蔽罩与阀塔顶部屏蔽罩、底部屏蔽罩一起，构成了换流阀的均压屏蔽系统，有效地改善了换流阀在运行过程中内部和外部的电场分布特性，避免因局部场强集中而造成空气电晕放电，从而影响换流阀的可靠运行。

3．冷却水管及光纤

阀塔冷却水总管的进水管和出水管通过法兰分别与每个阀模块内进水管和出水管连接，增强了水路连接的可靠性和密封性。阀层间的冷却水总管弯曲成圆弧状，同时满足了外绝缘和抗震的要求。阀模块采用并、串联冷却方式，保证每个水冷元件都得到充分冷却，且温度均匀。

光纤在每层分线后沿槽形侧梁内走线，分别与该层每个晶闸管的 TTM 光纤接口连接。

四、阀组件

阀组件包括了晶闸管压装结构（thyristor clamped assembly，TCA）、门极单元组件、饱和电抗器组件、阻尼电阻组件、阻尼电容组件、直流均压电阻、取能电阻、冷却管路及附属的支撑结构和电气连接结构。阀组件结构如图 5-8 所示。阻尼电阻组件、阻尼电容组件和门极单元组件围绕 TCA 布置。晶闸管、阻尼电阻、直流均压电阻和取能电阻采取水冷却方式。

1. TCA

TCA 主要包括晶闸管、散热器和附属结构。晶闸管通过特殊结构设计放置在两个铝制散热器中间的合适位置。为了保证晶闸管所需额定压装力，用高强度环氧玻璃布层压板与金属端板组合成 TCA 框架，构成晶闸管的夹紧机构。考虑到 TCA 生产、运输和运行过程中温度变化造成的热膨胀变形而产生的压装力变化，TCA 的一端设计了碟簧单元。

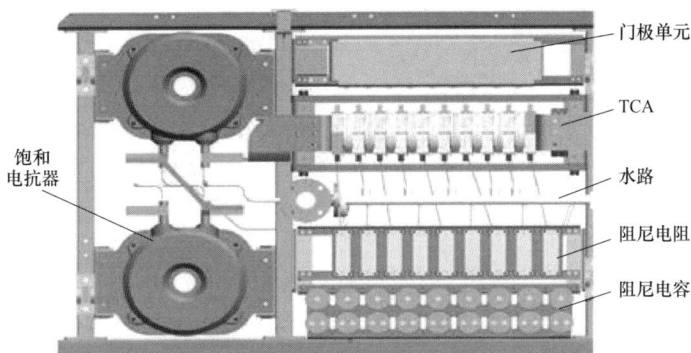

图 5-8　阀组件结构

直流均压电阻安装在晶闸管散热器上，以充分利用散热器的散热能力。TCA 内部的导电母排为铜材料，具有良好的导电性，能满足各种过电流条件的要求，并具有一定裕度。TCA 的结构如图 5-9 所示。

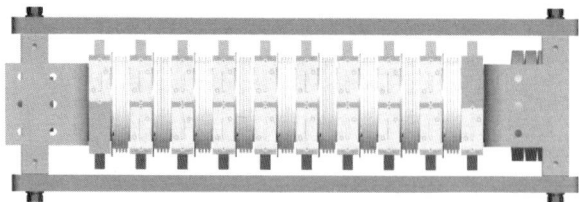

图 5-9　晶闸管压装结构

TCA 快速更换工装工具，在不断开水路的情况下，可以实现晶闸管的方便快捷更换。

2. 饱和电抗器组件设计

为了抑制晶闸管开通时的电流幅值和电流上升率，降低换流阀在瞬态冲击下晶闸管承受的电压应力，同时减小换流阀开通和关断过程中阀组件间的电压分布不均匀性，每个晶闸管组件串联一个饱和电抗器组件（包括两台饱和电抗器，由母排串联连接）。

饱和电抗器组件采用标准化模块设计。由于饱和电抗器是换流阀的主要噪声来源，因此在结构设计和工艺流程等方面，采用多种措施来有效降低饱和电抗器的振动噪声。饱和电抗器组件结构见图 5-10。

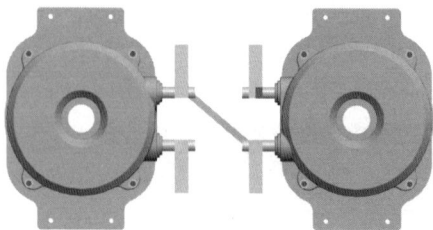

图 5-10　饱和电抗器组件结构

饱和电抗器铁芯损耗由流经空心绕组的冷却水带走，确保任何工况下铁芯都能得到充分冷却，保证饱和电抗器铁芯温度在各种运行工况下均不超过 100℃。

3. 阻尼电阻组件

阻尼电阻组件结构见图 5-11。阻尼电阻为直接水冷结构，电阻壳体为 PVDF 材料，内部布置了电阻丝。阻尼电阻的支撑结构为 2 个 L 形角件和 1 个支撑板。L 形角件和支撑板都是环氧玻璃布层压复合材料，强度高，和 PVDF 材料一样，均具有优良的阻燃性能和绝缘性能。

4. 阻尼电容组件

阻尼电容组件结构如图 5-12 所示。1 个晶闸管级包括 2 个阻尼电容：1 个三端子电容和 1 个两端子电容。阻尼电容的支撑结构包括 2 个 L 形角件和 1 个支撑板，材料为环氧玻璃布层压复合材料，强度高，具有优良的阻燃性能和绝缘性能。考虑防火要求，阻尼电容组件下部设计了用于纵向防火的防火隔板。

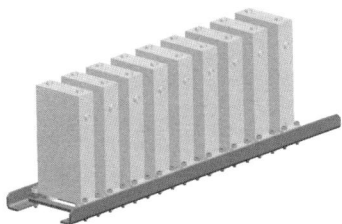

图 5-11　阻尼电阻组件结构

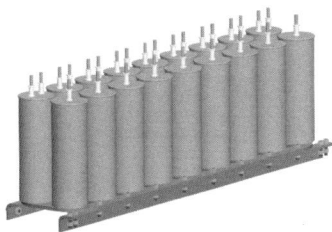

图 5-12　阻尼电容组件结构

5．门极单元组件

门极单元组件结构见图 5-13，包括 TTM 电路板和支撑结构件。每个晶闸管级都配有 1 块独立的 TTM 板。TTM 板采用直接插拔安装方式，固定在 1 个 U 形绝缘支架内，并用螺钉锁紧。该结构既可确保电路板的可靠固定，又有利于 TTM 板的快速更换。

考虑到换流阀运行可能产生的光纤损坏，门极单元组件设计了备用光纤固定板，最多可以放置两根备用光纤。该固定板设计了绑扎孔位用于固定光纤，并保证光纤弯曲半径不小于 80mm。考虑到换流阀长期运行产生积污，以及换流阀配水系统漏水可能造成 TTM 板损坏，门极单元组件设计了门极单元盖板和备用光纤盖板。

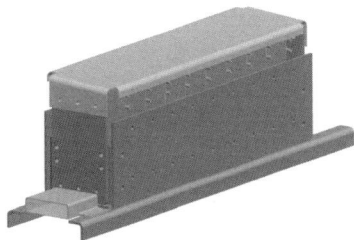

图 5-13　门极单元组件结构

五、冷却水路

1．冷却介质类型

A5000 型换流阀冷却介质可以采用高纯水或高纯水加乙二醇的混合物。

2．水路连接方式

（1）阀塔冷却系统管路采用螺旋向下连接的结构。冷却液从位于每列阀模块上面的 PVDF 三通主管流入和流出，不锈钢主管安装在阀厅顶部，与 PVDF 进出水总管在阀塔的顶部连接。

每个阀塔有两组 PVDF 进出水总管，冷却水经由 PVDF 螺旋管向下分配给各个阀模块。在阀塔底部，进出水 PVDF 总管通过一根不锈钢管进行短接，使其具有足够的流速，同时可实现底层阀模块与底部屏蔽罩之间的均压。

（2）每个阀模块包含两个完全相同的阀组件，每个阀组件都具有独立的冷却回路。阀组件内的冷却回路由彼此独立的冷却支路并联组成，各冷却支路采用串联方式冷却晶闸管散热器和阻尼电阻。

换流阀配水管采用以下设计方法和技术措施，保证了并、串联支路流量均匀，进而每个发热元件得到充分的冷却。

1）模块配水管采用对角进出水方式，提高了模块各支路水量分布的均匀性。

2）对饱和电抗器、水电阻和晶闸管散热器等元件的压力—流量进行匹配组合设计，尽量保持各支路流阻一致。

3）对于无法满足流阻一致的支路，采用增加管长或阻力管的方式满足流阻基本一致的要求。

4）通过仿真软件 PIPEFLOW 进行计算，实现各支路流量均衡。

5）通过阀模块整体流量压力试验和各支路超声波流量测试，验证了配水流量设计的合理性。

6）每个阀组件支水管耐水压能力均不小于 1.6MPa。

晶闸管散热器、阻尼电阻和饱和电抗器之间通过较小口径的 PVDF 管连接起来。PVDF 管的接头上配有采用三元乙丙橡胶材料（ethylene-propylene-diene monomer，EPDM）的 O 形密封圈，管接头与散热器间采用螺纹连接。

3. 水路材料选择

所有与冷却介质接触的材料都已考虑到保持冷却介质高纯度和低电导率的要求。阀组件中与水路接触的材料选择如下：不锈钢 316L、铝合金（低含铜量）、PVDF 管、铂电极/不锈钢电极。

上述材料均已在同类工程和试验中得到验证，完全满足换流阀设计的要求。

六、漏水检测设计

换流阀采用冷却系统的膨胀水箱和阀塔底屏蔽设置漏水检测装置两种方法实现漏水保护，其中换流阀阀塔底屏蔽设置漏水检测装置，包括集漏装置和检漏装置（漏水探测仪和漏水监测逻辑电路）。当阀内发生泄漏时，渗漏的水流入底屏蔽罩内，在集漏装置倾斜的底屏蔽金属板引导下流入漏水探测仪的翻斗，当翻斗储水槽水容积达到预定值后，由于重力作用克服平衡重块的力矩，使翻斗翻倒，同时带动翻转轴旋转。漏斗每翻 1 次，翻转轴的通光孔与光通道错位，光通道被阻挡，发出漏水计数信息。根据换流阀湿态试验要求，当检测到冷却液泄漏率超过 10L/h，漏水监测逻辑电路发一级报警信号；

当检测到冷却液泄漏超过 15 L/h，漏水监测逻辑电路发出二级报警信号。每个阀塔有 2 个独立的漏水检测信号传输系统，任何一个阀塔发生泄漏均可被及时发现。

漏水检测装置自动测量阀配水系统的漏水流量、漏水起止时间，为内冷却控制和保护系统提供依据。本漏水检测装置具有如下优点：

（1）抗震性能强，尤其适用于应急观测。

（2）产品材料耐腐蚀，防紫外线辐射，抗结冻。

（3）外观小巧轻便。

（4）拆装简单、维护方便。

（5）安装、调整、校准方法简单。

（6）光纤接口采用双冗余系统，降低了误报概率，提高了系统可靠性。

（7）光纤通路采用可靠的密封，避免了灰尘、漏水等对光通道传输性能的影响，延长了装置的使用寿命。

案例 1

大暴雨导致极Ⅰ极母线 PLC 电抗器闪络

1．预想事故情况

2020 年 7 月 8 日 15:30，某换流站极Ⅰ极线 PLC 电抗器绝缘子闪络，导致极Ⅰ高端闭锁。

2．运行方式

2.1　直流系统

（1）双极典型方式一运行，输送功率 4000MW，当前本站为主控站。

（2）极Ⅰ控制保护 A 套（pole one pole control and protection A，P1PCPA）、极Ⅰ高端阀组控制保护（pole one converter C&P A，CCP11A）、极Ⅰ低端阀组控制保护（pole one converter C&P A，CCP12A）、极Ⅱ控制保护 A 套（pole two pole control and protection A，P2PCPA）、极Ⅱ高端阀组控制保（pole two converter C&PA，CCP21A）、极Ⅱ低端阀组控制保护（pole two converter C&PA，CCP22A）主用，极Ⅱ为控制极。

（3）安全稳定控制装置正常投入运行。

2.2 交流系统

（1）500kV 交流进线 I 线、II 线、III 线、IV 线、V 线、VI 线未投运（相关线路的短引线保护均正常投入）；500kV 交流进线 VII 线、VIII 线运行，500kV 1 号母线、2 号母线运行，500kV 交流场所有断路器运行。

（2）第一、二、三、四大组滤波器母线运行，5611、5613、5621、5622、5623、5643 交流滤波器运行。

（3）750kV 1 号母线、2 号母线运行，750kV 交流进线 I 线、750kV 交流进线 II 线、750kV 交流进线 III 线，750kV 所有断路器运行正常，1、2、3 号主变压器运行正常，66kV 电容器在冷备用状态，66kV 电抗器在热备状态正常。

（4）110kV 站用变压器、66kV 1 号和 2 号站用变压器运行，10kV 0 号母线、1 号母线、2 号母线运行。

2.3 站用低压直流系统

站公用站用低压直流系统、极 I 高端阀组站用低压直流系统、极 I 低端阀组站用低压直流系统、极 II 高端阀组站用低压直流系统、极 II 低端阀组站用低压直流系统、500kV 交流场站用低压直流系统、750kV 交流场站用低压直流系统、交流滤波器场站用低压直流系统运行。

2.4 现场天气情况

大暴雨，环境温度 9℃。

3. 事故处理过程

3.1 异常现象

（1）事故警铃响起。

（2）重要报文信息：2020 年 7 月 8 日 15:30:42，监盘人员发现 OWS 后台报"P1CPR1 A 换流器差动保护 II 段动作、第 1 套阀保护动作出现；P1CPR1 B 主机换流器差动保护 II 段动作、第 2 套阀保护动作出现；P1CPR1 C 主机换流器差动保护 II 段动作、第 3 套阀保护动作出现；P1C2F1 A/B 主机换流器差动保护 II 段动作、保护发出启动失灵跳交流断路器命令 On；P1CCP1 A/B 换流器差动保护 II 段动作、保护发出启动失灵跳交流断路器命令 On、保护发出锁定交流断路器命令 On；P1CCP1 A 值班主机 CCP PAM 启失灵跳交流断路器命令出现，CCP PAM 锁定交流断路器命令出现，保护 X 闭锁已执行、阀组闭锁、移相命令出现；P1CCP2A 值班主机保护 X 闭锁已执行、阀组闭锁、移相命令出现；P1PCP1 A/B 极隔离，极 I 阀组自动解锁功能启动、极已连接；P1CCP1 A/B 换流器隔离已完成；P1CCP2A/B 阀组解锁、移相命令消失"。

（3）交流场界面状态：极Ⅰ高换流变压器进线 5041、5042 断路器跳开并锁定。

（4）直流场界面状态：极Ⅰ高换流器闭锁，极Ⅰ高 BPS 在合位、BPI 在分位状态等；极Ⅰ低端阀组、极Ⅱ高低端阀组运行正常。

（5）直流顺控界面状态：直流系统双极三换流器大地回线 4000MW 运行，功率转带正常，无损失。

3.2　设备检查及分析判断

（1）监控后台检查。值长安排监盘人员检查和记录事故发生时间、监控系统报文、设备状态的变换、功率转带、系统有无电压、潮流越限的情况等信息，确认信息记录是否正确完备。

（2）汇报调度并安排人员进行现场一、二次设备检查。值班长组织人员汇报调度，向站领导推送相关信息，同时安排人员开展现场一、二次设备检查。

1）一次设备检查情况：

a. 值长安排巡视人员 B、C 穿雨衣、绝缘鞋，带对讲机查看直流场设备情况，查找故障点，发现极Ⅰ极线 PLC 电抗器绝缘子有闪络痕迹，通知检修人员确认故障点是否真实。

b. 巡视人员赶赴 500kV GIS 查看 5041 和 5042 断路器电气指示和机械指示均在分位，在 500kV 1 号继电器室查看 5041 和 5042 断路器保护装置上显示为分位。

c. 值长安排人员 D 通过视频监控系统对现场设备进行视频检查，通过视频回放的方式检查发现极Ⅰ极线 PLC 电抗器绝缘子在故障时刻有放电弧光。

2）二次设备检查情况：现场查看极Ⅰ高端阀组保护主机 A、B、C，极Ⅰ低端阀组保护主机 A、B、C 均无异常告警，保护装置运行指示灯点亮，装置外观光纤接线无异常，查看 500kV1 号继电器室内开关保护屏，5041、5042 断路器保护屏操作箱上三相分闸指示灯均点亮，第一、二组跳闸出口指示灯也点亮，装置显示状态正常，查看阀组保护主机以及控制主机内置故障录波发现，极Ⅰ高端阀组 IDC1P（高阀组阳极电流）电流下降跌至 1000A，IDC1N（高阀组阴极电流）以及［中性母线电流（阀侧）（direct current in neutral bus near the Converter，IDNC］电流升高至 8000A，同时故障瞬间直流电压跌落至 0V 附近，阀组差动保护的差流 VDP_DIFF 远远高于制动电流 VDP_RES2，经过动作延时，阀差保护Ⅱ段动作信号 VDCDP_TR2 变位为 1，阀控主机中 IDC1N、IDNC 电流升高至 8000A、IDC1P 电流下降至 1000A，极母线电压 U_{DL} 跌落至 0V，经过保护动作延时后，X_BLOCK（X 闭锁）、RETARD（换流器移相），以及旁通对过负荷（bypass pair overload，BPPO）信号均变位为 1，由此推断阀组差动保护功能正确动作且极 I 高端阀组三套保护主机均正确动作，通过录波推断极 I 高端阀组 IDC1P 至 IDC1N 光电流互感器区域内的直流设备发生接地故障。

（3）第二次汇报调度并向站领导推送相关信息。汇报调度并申请将极 I 高端转为检修状态，对极 I 极线 PLC 电抗器绝缘子进一步详细检查及处理。

3.3　故障点隔离

（1）申请调度将极 I 高端阀组转检修，按照直流场顺控操作将极 I 高端阀组隔离。

（2）操作 500kV 交流场将 5041 和 5042 断路器转为冷备用。

（3）合上 504167 接地开关，将极 I 高端阀组转检修。

3.4　整理相关记录，编制"事故快报"

由站内运维专责根据现场信息编制"事故快报"，2020 年 7 月 8 日 15:30:42 某换流站极 I 极线 PLC 电抗器绝缘子闪络，导致极 I 高端闭锁；故障设备于 2019 年 1 月 11 日正式投入运行，型号为 LKGKL-800-6250-0.5W，现场天气情况为大暴雨，故障前为双极四换流器大地回线方式运行，输送功率 4000MW，500kV 交流系统运行正常；故障后直流系统双极三换流器（极 I 低端、极 II 高低端）大地回线 4000MW 运行，极 I 高端在冷备用状态，功率转带正常，无损失，500kV 交流系统 5041、5042 断路器跳闸，其余正常运行；经站内审核无误后报送运检部。

3.5　检修处理工作

站内领导安排相关专业组织抢修，站内检修专业开票工作，对故障设备跳闸情况进行详细检查：开展故障设备及相关一次设备开展例行及诊断性试验，整理现场相关资料。

（1）整理比对该设备交接试验数据及历年检修试验数据。

（2）检查绕组有无变形、受损，内外表面是否清洁完好。金属汇流排及接线端子有无变形损伤，玻璃丝绑带有无断裂、开裂。

（3）检查支柱绝缘子表面是否有闪络痕迹，有无破损、裂纹。与厂家沟通是否影响后续安全运行，是否需要更换配件。

（4）检查电抗器金具是否有裂纹，螺栓是否紧固，接触是否良好。

（5）检查一次引线有无散股、扭曲、断股，汇流排与引线端子连接面是否紧密贴合。

（6）均压环（罩）、屏蔽环（罩）应无划痕毛刺，电气连接可靠；每层均压环应在同一水平面内，偏差不超过 2mm，各节均压环间距均匀，层间偏差不超过 5mm。

（7）对 PLC 电抗器进行电感量测量，电感值与前次值相比偏差不大于 ±2%。

（8）对 PLC 电抗器进行绕组直流电阻测量，直流电阻值与前次值相比偏差不大于 ±2%。

确定有问题的设备后，准备备品备件及工器具，开展站内抢修工作。如有需要联系应急抢修单位到站进行处理。

案例 2

直流穿墙套管防污闪

1．预想事故情况

2021 年 3 月 17 日 15:30，某换流站极 I 高端阀厅 800kV 穿墙套管闪络，导致极 I 高端闭锁。

2．运行方式

2.1　直流系统

（1）双极典型方式一运行，输送功率 4000MW，当前本站为主控站。

（2）极 I 控制保护 A 套（pole one pole control and protection A，P1PCPA）、极 I 高端阀组控制保护（pole one converter C&P A，CCP11A）、极 I 低端阀组控制保护（pole one converter C&P A，CCP12A）、极 II 控制保护 A 套（pole two pole control and protection A，P2PCPA）、极 II 高端阀组控制保护（pole two converter C&P A，CCP21A）、极 II 低端阀组控制保护（pole two converter C&P A，CCP22A）主用，极 II 为控制极。

（3）安全稳定控制装置正常投入运行。

2.2　交流系统

（1）500kV 交流进线 I 线、II 线、III 线、IV 线、V 线、VI 线未投运（相关

线路的短引线保护均正常投入）；500kV 交流进线Ⅶ线、Ⅷ线运行，500kV 1 号母线、2 号母线运行，500kV 交流场所有断路器运行。

（2）第一、二、三、四大组滤波器母线运行，5611、5613、5621、5622、5623、5643 交流滤波器运行。

（3）750kV 1 号母线、2 号母线运行，750kV 交流进线Ⅰ线、750kV 交流进线Ⅱ线、750kV 交流进线Ⅲ线，750kV 所有断路器运行正常，1、2、3 号主变压器运行正常，66kV 电容器在冷备用状态，66kV 电抗器在热备状态正常。

（4）110kV 站用变压器、66kV 1 号和 2 号站用变压器运行，10kV 0 号母线、1 号母线、2 号母线运行。

2.3 站用低压直流系统

站公用站用低压直流系统、极Ⅰ高端阀组站用低压直流系统、极Ⅰ低端阀组站用低压直流系统、极Ⅱ高端阀组站用低压直流系统、极Ⅱ低端阀组站用低压直流系统、500kV 交流场站用低压直流系统、750kV 交流场站用低压直流系统、交流滤波器场站用低压直流系统运行。

2.4 现场天气情况

沙尘天气带小雨，环境温度 9℃。

3. 事故处理过程

3.1 异常现象

（1）事故警铃响起。

（2）重要报文信息：2021 年 3 月 17 日 15:30:42，监盘人员发现 OWS 后台报 "P1CPR1 A 换流器差动保护Ⅱ段动作、第 1 套阀保护动作出现；P1CPR1 B 主机换流器差动保护Ⅱ段动作、第 2 套阀保护动作出现；P1CPR1 C 主机换流器差动保护Ⅱ段动作、第 3 套阀保护动作出现；P1C2F1 A/B 主机换流器差动保护Ⅱ段动作、保护发出启动失灵跳交流断路器命令 On；P1CCP1 A/B 换流器差动保护Ⅱ段动作、保护发出启动失灵跳交流断路器命令 On、保护发出锁定交流断路器命令 On；P1CCP1 A 值班主机 CCP PAM 启失灵跳交流断路器命令出现，CCP PAM 锁定交流断路器命令出现，保护 X 闭锁已执行、阀组闭锁、移相命令出现；P1CCP2 A 值班主机保护 X 闭锁已执行、阀组闭锁、移相命令出现；P1PCP1 A/B 极隔离，极Ⅰ阀组自动解锁功能启动、极已连接；P1CCP1 A/B 换流器隔离已完成；P1CCP2 A/B 阀组解锁、移相命令消失"。

（3）交流场界面状态：极Ⅰ高换流变压器进线 5041、5042 断路器跳开并锁定。

（4）直流场界面状态：极 I 高换流器闭锁，极 I 高 BPS 在合位、BPI 在分位状态等；极 I 低端阀组、极 II 高低端阀组运行正常。

（5）直流顺控界面状态：直流系统双极三换流器大地回线 4000MW 运行，功率转带正常，无损失。

3.2 设备检查及分析判断

（1）监控后台检查。值长安排监盘人员检查和记录事故发生时间、监控系统报文、设备状态的变换、功率转带、系统有无电压、潮流越限的情况等信息，确认信息记录是否正确完备。

（2）汇报调度并安排人员进行现场一、二次设备检查。值长组织人员汇报调度，向站领导推送相关信息，同时安排人员开展现场一、二次设备检查。

1）一次设备检查情况：

a. 值长安排巡视人员 B、C 穿雨衣、绝缘鞋，带对讲机查看直流场设备情况，查找故障点，发现极 I 高端阀厅 800kV 穿墙套管有闪络痕迹，通知检修人员确认故障点是否真实。

b. 巡视人员赶赴 500kV GIS 查看 5041 和 5042 断路器电气指示和机械指示均在分位，在 500kV 1 号继电器室查看 5041 和 5042 断路器保护装置上显示为分位。

c. 值长安排人员 D 通过视频监控系统对现场设备进行视频检查，通过视频回放的方式检查发现极 I 高端阀厅 800kV 穿墙套管在故障时刻有放电弧光。

2）二次设备检查情况：现场查看极 I 高端阀组保护主机 A、B、C，极 I 低端阀组保护主机 A、B、C 均无异常告警，保护装置运行指示灯点亮，装置外观光纤接线无异常，查看 500kV 1 号继电器室内开关保护屏，5041、5042 断路器保护屏操作箱上三相分闸指示灯均点亮，第一、二组跳闸出口指示灯也点亮，装置显示状态正常，查看阀组保护主机，以及控制主机内置故障录波发现，极 I 高端阀组 IDC1P 电流下降跌至 1000A，IDC1N，以及 IDNC 电流升高至 8000A，同时故障瞬间直流电压跌落至 0V 附近，阀组差动保护的差流 VDP_DIFF 远远高于制动电流 VDP_RES2，经过动作延时，阀差保护 II 段动作信号 VDCDP_TR2 变位为 1，阀控主机中 IDC1N、IDNC 电流升高至 8000A、IDC1P 电流下降至 1000A，UDL 跌落至 0V，经过保护动作延时后，X_BLOCK、RETARD 以及 BPPO 信号均变位为 1，由此推断阀组差动保护功能正确动作且极 I 高端阀组三套保护主机均正确动作，通过录波推断极 I 高端阀组 IDC1P 至 IDC1N 光电流互感器区域内的直流设备发生接地故障。

（3）第二次汇报调度并向站领导推送相关信息。汇报调度并申请将极 I 高端转为检修状态，对极 1 高端阀厅 800kV 穿墙套管进一步详细检查及处理。

3.3 故障点隔离

（1）申请调度将极 I 高端阀组转检修，按照直流场顺控操作将极 I 高端阀组隔离。

（2）操作 500kV 交流场将 5041 和 5042 断路器转为冷备用。

（3）合上 504167 接地开关将极 I 高端阀组转检修。

3.4 整理相关记录，编制"事故快报"

由站内运维专责根据现场信息编制"事故快报"，2021 年 3 月 17 日 15:30:42 某换流站极 I 高端阀厅 800kV 穿墙套管闪络，导致极 I 高端闭锁；故障设备于 2019 年 1 月 11 日正式投入运行，型号为 GGFL800，现场天气情况为沙尘天气带小雨，故障前为双极四换流器大地回线方式运行，输送功率 4000MW，500kV 交流系统运行正常；故障后直流系统直流双极三换流器（极 I 低端、极 II 高低端）大地回线 4000MW 运行，极 I 高端在冷备用状态，功率转带正常，无损失，500kV 交流系统 5041、5042 断路器跳闸，其余正常运行；经站内审核无误后报送运检部。

3.5 检修处理工作

站内领导安排相关专业组织抢修，站内检修专业开票工作，对故障设备跳闸情况进行详细检查：开展故障设备及相关一次设备开展例行及诊断性试验，整理现场相关资料。

确定有问题的设备后，准备备品备件及工器具，开展站内抢修工作。如有需要联系应急抢修单位到站进行处理。

案例 3

大 风 扬 沙 天 气

1. 预想事故情况

2021 年 4 月 3 日 15:30，某换流站大风扬沙天气导致极 I 直流出线绝缘子闪络击穿，极Ⅰ直流线路再启动不成功，导致极Ⅰ闭锁。

2．运行方式

2.1　直流系统

（1）双极典型方式一运行，输送功率 4490MW，当前本站为主控站。

（2）极Ⅰ控制保护 A 套（pole one pole control and protection A，P1PCPA）、极Ⅰ高端阀组控制保护（pole one converter C&P A，CCP11A）、极Ⅰ低端阀组控制保护（pole one converter C&P A，CCP12A）、极Ⅱ控制保护 A 套（pole two pole control and protection A，P2PCPA）、极Ⅱ高端阀组控制保护（pole two converter C&P A，CCP21A）、极Ⅱ低端阀组控制保护（pole two converter C&P A，CCP22A）主用，极Ⅱ为控制极。

（3）安全稳定控制装置正常投入运行。

2.2　交流系统

（1）500kV 交流进线Ⅰ线、Ⅱ线、Ⅲ线、Ⅳ线、Ⅴ线、Ⅵ线未投运（相关线路的短引线保护均正常投入）；500kV 交流进线Ⅶ线、Ⅷ线运行，500kV 1 号母线、2 号母线运行，500kV 交流场所有断路器运行。

（2）第一、二、三、四大组滤波器母线运行，5611、5612、5613、5621、5641、5642、5643 交流滤波器运行状态正常，其余交流滤波器热备用状态正常。

（3）750kV 1 号母线、2 号母线运行，750kV 交流进线Ⅰ线、750kV 交流进线Ⅱ线、750kV 交流进线Ⅲ线，750kV 所有断路器运行正常，1、2、3 号主变压器运行正常，66kV 电容器在冷备用状态，66kV 电抗器在热备状态正常。

（4）110kV 站用变压器、66kV 1 号和 2 号站用变压器运行，10kV 0 号母线、1 号母线、2 号母线运行。

2.3　站用低压直流系统

站公用站用低压直流系统、极Ⅰ高端阀组站用低压直流系统、极Ⅰ低端阀组站用低压直流系统、极Ⅱ高端阀组站用低压直流系统、极Ⅱ低端阀组站用低压直流系统、500kV 交流场站用低压直流系统、750kV 交流场站用低压直流系统、交流滤波器场站用低压直流系统运行。

2.4　现场天气情况

大风扬沙天气，环境温度 9℃。

3. 事故处理过程

3.1 异常现象

（1）事故警铃响起。

（2）重要报文信息：2021年4月3日15:30:42，监盘人员发现OWS后台报"极Ⅰ极保护A/B/C：电压突变量保护、行波保护动作""极Ⅰ极控B：order down命令出现"；"极Ⅰ极控B：直流线路保护重启动命令出现""极Ⅰ三取二装置A/B：直流线路低电压保护动作""极Ⅰ极控B：order down命令出现"；"极Ⅰ极控A：直流线路保护重启动命令出现""极Ⅰ三取二装置A/B：直流线路低电压保护动作""极Ⅰ极控A：直流线路保护重启动逻辑跳闸""极Ⅰ极控A：PCP PAM极隔离命令出现""极Ⅰ极保护A/B/C：直流线路低电压保护功能闭锁"；"极Ⅰ极控A/B：极Ⅰ阀组自动解锁功能启动""极Ⅰ低端阀控B：来自某站要求低压阀组隔离命令出现""极Ⅰ高端阀控A：来自某站要求高压阀组连接命令出现""极Ⅰ极控A：极已连接""极Ⅰ高端阀控A：阀组解锁""极Ⅰ极保护A/B/C：直流低电压保护动作""极Ⅰ极控A：保护Z闭锁On""极Ⅰ高端阀控A/B：P1.WP.Q1（8011）合"。

（3）交流场界面状态：极Ⅰ高端换流变压器进线5041、5042断路器跳开并锁定，极Ⅰ低端换流变压器进线5052、5053断路器跳开并锁定。

（4）直流场界面状态：极Ⅰ高端换流器闭锁，极Ⅰ高端BPS在合位、BPI在分位状态；极Ⅰ低端换流器闭锁，极Ⅰ低端BPS在分位、BPI在分位状态；极2高低端阀组运行正常。

（5）直流顺控界面状态：直流系统极Ⅱ双换流器大地回线4490MW运行，功率转带正常，无损失。

3.2 设备检查及分析判断

（1）监控后台检查。值长安排监盘人员检查和记录事故发生时间、监控系统报文、设备状态的变换、功率转带、系统有无电压、潮流越限的情况等信息，确认信息记录是否正确完备。

（2）汇报调度并安排人员进行现场一、二次设备检查。值班长组织人员汇报调度，向站领导推送相关信息，同时安排人员开展现场一、二次设备检查，2h内向调度申请降低直流功率将接地极入地电流控制在3000A以内。

1）一次设备检查情况：

a. 值长安排巡视人员B、C（见附录）带护目镜，对讲机、望远镜查看直流场设备情况，查找故障点，发现极Ⅰ直流出线绝缘子闪络击穿痕迹，通知检修人员确认故障点是否真实。

b. 巡视人员 E、F 赶赴 500kV GIS 查看 5041、5042、5052、5053 断路器电气指示和机械指示均在分位，在 500kV 1 号继电器室查看 5041、5042、5052、5053 断路器保护装置上显示为分位。

c. 值长安排人员 D 通过视频监控系统对现场设备进行视频检查，通过视频回放的方式检查发现极Ⅰ直流出线绝缘子在故障时刻有放电弧光。

2）二次设备检查情况：现场查看极Ⅰ极和双极保护主机 A、B、C，极Ⅰ高低端阀组保护主机 A、B、C 均无异常告警，保护装置运行指示灯点亮，装置外观光纤接线无异常，查看 500kV 1 号继电器室内开关保护屏，5041、5042、5052、5053 断路器保护屏操作箱上三相分闸指示灯均点亮，第一、二组跳闸出口指示灯也点亮，装置显示状态正常，查看极和双极保护主机以及控制主机内置故障录波发现，保护动作后，极Ⅰ执行首次原压重启，高、低端阀组触发角快速移相，经过 150ms 去游离后触发角逐渐减小，直流电压在升至 482kV 后再次跌落，直流线路低电压保护动作，重启失败；随后，极Ⅰ执行第二次原压重启，高、低端阀组触发角快速移相，经过 200ms 去游离后触发角逐渐减小，直流电压在升至 759kV 后再次跌落，直流线路低电压保护再次动作，重启失败，极Ⅰ闭锁；两次重启不成功自动重启高端阀组功能正确动作，执行了低端阀组隔离、高端阀组连接、极连接、高端阀组解锁的顺控操作；高端阀组解锁后，直流低电压保护检测到极母线电压 UDL 未超过 120kV，延时 2s，满足直流低电压保护动作条件，极Ⅰ高端阀组闭锁，同时合上极Ⅰ高端阀组旁通开关 8011。

现场检查直流故障测距显示距本站 5m，对站直流故障测距显示距对站 1238km。

（3）第二次汇报调度并向站领导推送相关信息。汇报调度并申请将极Ⅰ直流线路转为检修状态，对极Ⅰ直流出线线路绝缘子进一步详细检查及处理。

3.3　故障点隔离

（1）申请调度将极Ⅰ直流场转极隔离。

（2）操作 500kV 交流场将 5041、5042、5052、5053 断路器转为冷备用。

（3）申请调度合上 8010517 接地开关并在极Ⅰ直流线路出线处悬挂 800kV 接地线，将极Ⅰ直流线路转检修。

3.4 整理相关记录，编制"事故快报"

由站内运维专责根据现场信息编制"事故快报"，2021 年 4 月 3 日 15:30:42 某换流站极 I 直流出线绝缘子闪络击穿，导致极 I 直流线路两次再启动不成功，极 I 高端阀组自动健全启动不成功，极 I 闭锁；故障设备于 2019 年 1 月 11 日正式投入运行，现场天气情况为大风沙尘天气，故障前为双极四换流器大地回线方式运行，输送功率 4490MW，500kV 交流系统运行正常；故障后直流系统极 II 双换流器大地回线 4490MW 运行，极 I 极闭锁，功率转带正常，无损失，500kV 交流系统 5041、5042、5052、5053 断路器跳闸并锁定，其余正常运行；经站内审核无误后报送运检部。

3.5 检修处理工作

站内领导联系所属输电分中心相关专业组织抢修，准备备品备件及工器具，对故障设备跳闸情况进行详细检查：开展故障绝缘子更换，更换后对绝缘子和相关直流线路开展例行及诊断性试验，整理现场相关资料。

案例 4

直流场 MRTB 开关电容器渗漏油

1. 预想事故情况

2021 年 4 月 26 日 15:30，某换流站巡检发现直流场 MRTB 开关电容器渗漏油。

2. 运行方式

2.1 直流系统

（1）双极典型方式一运行，输送功率 4000MW，当前本站为主控站。

（2）极 I 控制保护 A 套（pole one pole control and protection A，P1PCPA）、极 I 高端阀组控制保护（pole one converter C&P A，CCP11A）、极 I 低端阀组控制保护（pole one converter C&P A，CCP12A）、极 II 控制保护 A 套（pole two pole control and protection A，P2PCPA）、极 II 高端阀组控制保护（pole two converter C&P A，CCP21A）、极 II 低端阀组控制保护（pole two converter C&P A，CCP22A）主用，极 II 为控制极。

（3）安全稳定控制装置正常投入运行。

2.2 交流系统

（1）500kV 交流进线Ⅰ线、Ⅱ线、Ⅲ线、Ⅳ线、Ⅴ线、Ⅵ线未投运（相关线路的短引线保护均正常投入）；500kV 交流进线Ⅶ线、Ⅷ线运行，500kV 1号母线、2号母线运行，500kV 交流场所有断路器运行。

（2）第一、二、三、四大组滤波器母线运行，5611、5613、5621、5622、5623、5643 交流滤波器运行。

（3）750kV 1号母线、2号母线运行，750kV 交流进线Ⅰ线、750kV 交流进线Ⅱ线、750kV 交流进线Ⅲ线，750kV 所有断路器运行正常，1、2、3号主变压器运行正常，66kV 电容器在冷备用状态，66kV 电抗器在热备状态正常。

（4）110kV 站用变压器、66kV 1号和2号站用变压器运行，10kV 0号母线、1号母线、2号母线运行。

2.3 站用低压直流系统

站公用站用低压直流系统、极Ⅰ高端阀组站用低压直流系统、极Ⅰ低端阀组站用低压直流系统、极Ⅱ高端阀组站用低压直流系统、极Ⅱ低端阀组站用低压直流系统、500kV 交流场站用低压直流系统、750kV 交流场站用低压直流系统、交流滤波器场站用低压直流系统运行。

2.4 现场天气情况

晴，环境温度 9℃。

3. 事故处理过程

3.1 异常现象

（1）现场：直流场断路器 MRTB 并联电容器出现多只电容大面积漏油迹象。

（2）后台报文：未异常报文。

（3）交流场界面状态：交流侧开关运行正常，无电压、功率越限。

（4）直流场界面状态：双极四阀组运行正常。

（5）直流顺控界面状态：直流系统双极四换流器大地回线 4000MW 运行正常。

3.2 设备检查及分析判断

（1）汇报调度、站内领导并安排人员进行现场一次设备检查。值班长组织人员向调度、站领导推送相关信息，同时安排人员开展现场一次设备检查。

一次设备检查情况：值长安排人员 A/B 配合检修人员现场检查 MRTB 电容

渗油情况；现场出现多只电容大面积漏油现象。

一次设备性能、工作方案核查情况：

1）与检修、厂家人员核查确定是否需要对油电容器更换。

2）与厂家人员核查多只电容漏油是否存在对 MRTB 功能产生影响。

3）与站内检修人员确认通过接地极隔离开关 05000 替换 MRTB 运行，对 MRTB 电容进行更换是否满足要求。

（2）汇报调度相关信息。汇报调度并申请将 05000 接地极隔离开关替换 MRTB 运行，对 MRTB 泄漏电容进行更换。

3.3 故障点隔离

（1）申请调度将 05000 接地极隔离开关替换 MRTB 运行。

（2）操作直流场进行 05000 接地开关替换 MRTB（依次进行，合上 NBGS 0600、05000；拉开 0300、03001、03002、0600）。

3.4 整理相关记录，编制"事故快报"

由站内运维专责根据现场信息编制"事故快报"，2021 年 4 月 26 日 15:30:42 某换流站巡检发现 MRTB 多只电容器大面积漏油，故障设备于 2019 年 1 月 11 日正式投入运行，型号为 HPL245B1，现场天气情况良好，设备正常运行，站内紧急隔离 MRTB 进行电容器更换；经站内审核无误后报送运检部。

3.5 检修处理工作

站内领导安排相关专业组织抢修，站内检修专业开票工作，对异常设备进行详细检查：开展异常设备及相关一次设备开展例行及诊断性试验，整理现场相关资料。

确定有问题的设备后，准备备品备件及工器具，开展站内抢修工作。如有需要联系应急抢修单位到站进行处理。

案例 5

极 I 高端阀厅 YY-A 相入阀塔水管渗水

1. 预想事故情况

2021 年 4 月 21 日 15:30，某换流站极 I 高端阀厅 YY-A 相入阀塔水管渗水，申请极 I 高端转检修。

2．运行方式

2.1　直流系统

（1）双极典型方式一运行，输送功率 3600MW，当前本站为主控站。

（2）极Ⅰ控制保护 A 套（pole one pole control and protection A，P1PCPA）、极Ⅰ高端阀组控制保护（pole one converter C&P A，CCP11A）、极Ⅰ低端阀组控制保护（pole one converter C&P A，CCP12A）、极Ⅱ控制保护 A 套（pole two pole control and protection A，P2PCPA）、极Ⅱ高端阀组控制保护（pole two converter C&P A，CCP21A）、极Ⅱ低端阀组控制保护（pole two converter C&P A，CCP22A）主用，极Ⅱ为控制极。

（3）安全稳定控制装置正常投入运行。

2.2　交流系统

（1）500kV 交流进线Ⅰ线、Ⅱ线、Ⅲ线、Ⅳ线、Ⅴ线、Ⅵ线未投运（相关线路的短引线保护均正常投入）；500kV 交流进线Ⅶ线、Ⅷ线运行，500kV 1 号母线、2 号母线运行，500kV 交流场所有断路器运行。

（2）第一、二、三、四大组滤波器母线运行，5611、5612、5613、5621、5641、5642、5643 交流滤波器运行状态正常，其余交流滤波器热备用状态正常。

（3）750kV 1 号母线、2 号母线运行，750kV 交流进线Ⅰ线、750kV 交流进线Ⅱ线、750kV 交流进线Ⅲ线，750kV 所有断路器运行正常，1、2、3 号主变压器运行正常，66kV 电容器在冷备用状态，66kV 电抗器在热备状态正常。

（4）110kV 站用变压器、66kV 1 号和 2 号站用变压器运行，10kV 0 号母线、1 号母线、2 号母线运行。

2.3　站用低压直流系统

站公用站用低压直流系统、极Ⅰ高端阀组站用低压直流系统、极Ⅰ低端阀组站用低压直流系统、极Ⅱ高端阀组站用低压直流系统、极Ⅱ低端阀组站用低压直流系统、500kV 交流场站用低压直流系统、750kV 交流场站用低压直流系统、交流滤波器场站用低压直流系统运行。

2.4　现场天气情况

晴，环境温度 9℃。

3．事故处理过程

3.1　异常现象

（1）事故警铃响起。

（2）重要报文信息：2021年4月21日15:30:30，监盘人员发现OWS后台报"极Ⅰ高端YYA相阀塔漏水一段报警出现""极Ⅰ高端YYA相阀塔漏水二段报警出现"。

（3）交流场界面状态：500kV交流系统正常运行，无异常。

（4）直流场界面状态：极Ⅰ高端换流器闭锁，极Ⅰ高端BPS在分位、BPI在合位状态；极Ⅰ低端阀组运行正常，极Ⅱ高低端阀组运行正常。

（5）直流顺控界面状态：直流系统极Ⅰ低端换流器、极Ⅱ双换流器大地回线3600MW运行，功率转带正常，无损失。

3.2 设备检查及分析判断

（1）监控后台检查。值长安排监盘人员检查和记录事故发生时间、监控系统报文、设备状态的变换、功率转带、系统有无电压、潮流越限的情况等信息，确认信息记录是否正确完备。

（2）汇报调度并安排人员进行现场一、二次设备检查。值班长组织人员汇报调度，向站领导推送相关信息，同时安排人员开展现场一、二次设备检查，2h内向调度申请降低直流功率将接地极入地电流控制在3000A以内。

1）一次设备检查情况：

a. 监盘人员立即用打开阀厅照明系统工业视频查看极Ⅰ高端YYA相阀塔屏蔽罩内是否有水，阀塔水管路是否存在漏水点；检查OWS后台膨胀罐液位下降速度。

b. 运维人员携带望远镜、照相机、对讲机、智能钥匙到极Ⅰ高端阀厅核实YDC相阀塔屏蔽罩内是否有水，阀塔水管路是否存在漏水点。

现场检查极Ⅰ高端Y/YA相阀塔入阀塔水管漏水，导致阀塔漏水检测动作。

2）二次设备检查情况：现场查看极Ⅰ极和双极保护主机A、B、C，极Ⅰ高端阀组保护主机A、B、C均无异常告警、保护装置运行指示灯点亮，装置外观光纤接线无异常，在VBE柜上进行手动复归操作后该报警再次报出，判断该报警非误报。

（3）第二次汇报调度并向站领导推送相关信息。汇报调度并申请将极Ⅰ高端换流器在线退出并转为检修状态，对极Ⅰ高端换流器阀塔漏水进一步详细检查及处理。

3.3 故障点隔离

（1）申请调度将极Ⅰ高端换流器在线退出并转检修。

（2）操作 500kV 交流场将 5041、5042 断路器转为冷备用。

（3）打开 V117、V118 阀厅旁路蝶阀建立内冷水通路，关闭阀塔进出水 V115、V116 蝶阀将阀厅内水系统隔离。

3.4　整理相关记录，编制"事故快报"

由站内运维专责根据现场信息编制"事故快报"，2021 年 4 月 21 日 15:30:30 某换流站极Ⅰ高端 YYA 相阀塔"极Ⅰ高端 YYA 相阀塔漏水一段报警出现""极Ⅰ高端 YYA 相阀塔漏水二段报警出现"，现场检查 YYA 相入阀塔水管渗水，故障设备于 2019 年 1 月 11 日正式投入运行，现场天气情况为晴天，故障前为双极四换流器大地回线方式运行，输送功率 3600MW，500kV 交流系统运行正常；故障后直流系统极Ⅰ低端换流器、极Ⅱ双换流器大地回线 3600MW 运行，极Ⅰ高端换流器在线退出，功率转带正常，无损失，500kV 交流系统正常运行；经站内审核无误后报送运检部。

3.5　检修处理工作

站内领导通知站内检修班组相关专业组织抢修，准备备品备件及工器具，对故障设备漏水情况进行详细检查：开展漏水点进行处理更换，对极Ⅰ高端内冷系统进行循环排气，整理现场相关资料。

案例 6

交流滤波器不平衡保护动作

1. 预想事故情况

2020 年 8 月 14 日 09:32，某换流站 OWS 事件报出"5612 交流滤波器 C1 不平衡Ⅲ段双套保护动作出现，5612 断路器跳闸并锁定，5622 交流滤波器自动投入运行。"

2. 运行方式

2.1　直流系统

（1）双极典型方式一运行，输送功率 4000MW，当前本站为主控站。

（2）极Ⅰ控制保护 A 套（pole one pole control and protection A，P1PCPA）、极Ⅰ高端阀组控制保护（pole one converter C&P A，CCP11A）、极Ⅰ低端阀组控制保护（pole one converter C&P A，CCP12A）、极Ⅱ控制保护 A 套（pole two pole control and protection A，P2PCPA）、极Ⅱ高端阀组控制保护（pole two converter C&P A，CCP21A）、极Ⅱ低端阀组控制保护（pole two converter C&P A，CCP22A）主用，极Ⅱ为控制极。

（3）安全稳定控制装置正常投入运行。

2.2 交流系统

（1）500kV 交流进线Ⅰ线、Ⅱ线、Ⅲ线、Ⅳ线、Ⅴ线、Ⅵ线未投运（相关线路的短引线保护均正常投入）；500kV 交流进线Ⅶ线、Ⅷ线运行，500kV 1号母线、2号母线运行，500kV 交流场所有开关运行。

（2）第一、二、三、四大组滤波器母线运行，5611、5612、5613、5621、5641、5642、5643 交流滤波器运行状态正常，其余交流滤波器热备用状态正常。

（3）750kV 1号母线、2号母线运行，750kV 交流进线Ⅰ线、750kV 交流进线Ⅱ线、750kV 交流进线Ⅲ线，750kV 所有断路器运行正常，1～3 号主变压器运行正常，66kV 电容器在冷备用状态，66kV 电抗器在热备状态正常。

（4）110kV 站用变压器、66kV 1号和2号站用变压器运行，10kV 0号母线、1号母线、2号母线运行。

2.3 站用低压直流系统

站公用站用低压直流系统、极Ⅰ高端阀组站用低压直流系统、极Ⅰ低端阀组站用低压直流系统、极Ⅱ高端阀组站用低压直流系统、极Ⅱ低端阀组站用低压直流系统、500kV 交流场站用低压直流系统、750kV 交流场站用低压直流系统、交流滤波器场站用低压直流系统运行。

2.4 现场天气情况

晴，气温为 28℃，西北风 2 级。

3. 事故处理过程

3.1 异常现象

（1）事故警铃响起。

（2）重要报文信息："5612 交流滤波器 C1 不平衡Ⅲ段双套保护动作出现，5612 断路器跳闸锁定，5622 交流滤波器自动投入运行"。

（3）交流场界面状态：正常。

（4）直流场界面状态：正常。

（5）直流顺控界面状态：正常。

（6）其他重要信息状态描述（包括辅助、一体化在线检测等信息）：正常。

（7）一次设备信息：正常。

3.2　设备检查及分析判断

（1）监控后台检查。记录事故发生时间、监控系统报文、设备状态、功率转带情况等信息，确认信息记录。

（2）汇报调度并安排人员进行现场一、二次设备检查。值班长组织人员汇报调度，向站领导推送相关信息，同时安排人员开展现场一、二次设备检查。

1）一次设备检查情况：现场检查 5612 交流滤波器断路器电气指示和机械指示均在分位，5622 断路器在合位；检查发现该小组滤波器整体外观无异常，在 C1 电容塔低压塔 B 相 B 面低压塔第 3～4 层间存在电弧灼伤后的死鸟。

2）二次设备检查情况：现场检查第一大组交流滤波器的保护装置 A、B 均正常动作，在故障录波工作站查看波形，当前录波事件报文信息"第一大组交流滤波器保护 A/B 套动作变位，第一大组第二小组交流滤波器保护跳闸变位"与后台报文信息对应，现场检查保护装置与后台报文及录波分析结果一致，双套滤波器保护装置正确动作，断路器正确跳开，备用 5622 HP3 滤波器正确投入。

3）第一次汇报国调。

a. 值班长将现场检查情况向国调第一次汇报：国调您好，我是某换流站当值值班长，现向您汇报 2020 年 08 月 14 日 09:32，5612 交流滤波器 C1 不平衡Ⅲ段双套保护动作跳闸，5612 断路器跳闸锁定，5622 交流滤波器自动投入运行，无功率损失，直流系统运行正常，输送功率 4000MW 不变，现场正在检查，并向国调申请将 5612 交流滤波器转检修。

b. 国调：同意将 5612 交流滤波器由热备用转为检修进行故障处理。

（3）第二次汇报调度并向站领导推送相关信息。

1）值班长将现场检查情况向国调第二次汇报：国调您好，我是某换流站当值值班长，现向您汇报，现场检查 5612 交流滤波器 C1 电容塔，发现 C1 B 相电容塔低压塔 B 面第 3 层 5～7 电容器上方存在明显放电烧灼痕迹的死鸟，其余设备检查无异常，故障原因判定为交流滤波器因鸟害导致层间电容器放电，现场天气晴，环境温度 28℃，现场详细处理情况稍后向您汇报。

2）国调：10:40:00 国调许可 5612 ACF C1 电容器不平衡保护 A（B）Ⅲ段动作跳闸后检查处理紧急检修工作开工。

3.3　故障点隔离

（1）5612 交流滤波器由热备用转为冷备用。

（2）5612 交流滤波器由冷备用转为检修。

3.4 整理相关记录，编制"事故快报"

由站内运维专责根据现场信息编制"事故快报"，经站内审核无误后报送运检部。

3.5 检修处理工作

站内领导安排相关专业组织抢修。站内检修专业开票工作，对故障设备跳闸情况进行详细检查：开展故障设备及相关一次设备开展例行及诊断性试验，整理现场相关资料。确定有问题的设备后，准备备品备件及工器具，开展站内抢修工作，如有需要联系应急抢修单位到站进行处理。

第六章 控制保护系统典型事故预想与处理

第一节 SCADA 系统介绍

换流站 SCADA 系统用于高压/特高压直流系统的控制与监视。

换流站 SCADA 系统是换流站交直流站控和极控制保护系统等控制设备上层的运行人员控制层级的监控系统。SCADA 系统包括网络设备、SCADA 服务器、各类运行人员工作站、远动工作站、与 VBE 和阀冷及各类辅助系统的接口设备等。SCADA 系统完成对交直流站控和极控制保护系统、辅助系统等的监视、控制功能，也实现整个换流站事件报警系统的集成等功能。

SCADA 系统通过冗余的站 LAN 网与控制保护系统进行通信，站 LAN 网采用星形网络结构。冗余的 SCADA 服务器实现整个 SCADA 系统的管理、前置采集、SCADA 数据处理、历史数据保存等功能。

SCADA 服务器的前置采集功能模块通过站 LAN 网接收控制保护装置发送的换流站监视数据及事件/报警信息，并发送到 SCADA 功能模块，同时下发运行人员工作站发出的控制指令到相应的控制保护主机。

SCADA 功能模块将对接收到的数据进行处理，并同步到实时数据库。历史功能则负责存储预先定义的需要保存历史的模拟量和事件到历史数据库。SCADA 服务器是整个运行人员控制系统的核心，为了保证 SCADA 服务器的可靠性和安全性，SCADA 服务器采用 LINUX 操作系统。

运行人员控制系统配置多台运行人员工作站，运行人员工作站是换流站主要的人机接口，是运行人员对交直流控制保护系统进行监视、控制的主要人机交互接口。按照功能划分，运行人员工作站分为工程师工作站 EWS、运行人员工作站 OWS、站长工作站 DWS、水冷工作站 COWS 等。规约转换器用于接入阀冷却控制保护系统、VBE、直流电源、电量计量系统等各种具有通信接口的其他二次系统或辅助系统，并将之转换成 SCADA 系统能够适应的通信规约，将其他二次系统或辅助系统的监视、控制集成在整个 SCADA 系统中。除了运行人员工作站上的人机接口之外，还为控制保护系统配置适当的就地控制人机接口，实现就地监视和控制功能，同时也作为换流站 SCADA 系统的后备控制。

案例 1

换流站 SCADA 服务器死机

1. 预想事故情况

2021 年 4 月 3 日 15 时 30 分，该换流站 OWS 系统告警列表上显示 SCADA 服务器告警以及服务器切换信息。

2. 运行方式

2.1 直流系统

（1）双极典型方式一运行，输送功率 4490MW，当前该站为主控站。

（2）极 I 控制保护 A 套（pole one pole control and protection A，P1PCPA）、极 I 高端阀组控制保护（pole one converter C&P A，CCP11A）、极 I 低端阀组控制保护（pole one converter C&P A，CCP12A）、极 II 控制保护 A 套（pole two pole control and protection A，P2PCPA）、极 II 高端阀组控制保护（pole two converter C&P A，CCP21A）、极 II 低端阀组控制保护（pole two converter C&P A，CCP22A）主用，极 II 为控制极。

（3）安全稳定控制装置正常投入运行。

2.2 交流系统

（1）500kV 交流进线 I 线、II 线、III 线、IV 线、V 线、VI 线未投运（相关线路的短引线保护均正常投入）；500kV 交流进线 VII 线、VIII 线运行，500kV 1 号母线、2 号母线运行，500kV 交流场所有断路器运行。

（2）第一、二、三、四大组滤波器母线运行，5611、5612、5613、5621、5641、5642、5643 交流滤波器运行状态正常，其余交流滤波器热备用状态正常。

（3）750kV 1 号母线、2 号母线运行，750kV 交流进线 I 线、750kV 交流进线 II 线、750kV 交流进线 III 线，750kV 所有开关运行正常，1、2、3 号主变压器运行正常，66kV 电容器在冷备用状态，66kV 电抗器在热备状态正常。

（4）110kV 站用变压器、66kV 1 号和 2 号站用变压器运行，10kV 0 号母线、1 号母线、2 号母线运行。

2.3　站用低压直流系统

站公用站用低压直流系统、极 I 高端阀组站用低压直流系统、极 I 低端阀组站用低压直流系统、极 II 高端阀组站用低压直流系统、极 II 低端阀组站用低压直流系统、500kV 交流场站用低压直流系统、750kV 交流场站用低压直流系统、交流滤波器场站用低压直流系统运行。

2.4　现场天气情况

天气晴，环境温度 9℃。

3.　事故处理过程

（1）异常现象。

1）情况一：

a. 事故警铃响起。

b. 重要报文信息：2021 年 4 月 3 日 15:30:42，监盘人员发现 OWS 后台报"SCADA 服务器 A 告警""SCADA 服务器切换命令出现""SCADA 服务器 B 运行出现""SCADA 服务器 A 退出运行"。

2）情况二：

a. 事故警铃响起。

b. 重要报文信息：2021 年 4 月 3 日 15:30:42，监盘人员发现 OWS 后台报"SCADA 服务器 A 告警""SCADA 服务器切换命令出现""SCADA 服务器 B 运行出现""SCADA 服务器 B 告警""SCADA 服务器 A 退出运行""SCADA 服务器 B 退出运行"。

（2）设备检查及分析判断。

1）情况一：

a. 监控后台检查。值长安排监盘人员检查和记录事故发生时间、监控系统报文、查看站网结构界面的 SCDA 服务器 A、B 的状态，确认 SCADA 服务器 A、B 中是否为 A 显示故障，为灰色（无服务状态），B 显示运行，为绿色（运行状态）运检查各个界面设备状态有无变换的情况等信息，确认信息记录是否正确完备。

b. 汇报站领导并安排人员进行现场设备检查。值长向站领导推送相关信息，同时安排人员开展现场设备检查。

c. 现场检查情况。值长安排巡视人员 B、C（见附录）戴护目镜，对讲机、电子钥匙去站及双极控保室的 SCM 服务器系统屏查看现场设备情况，检查 SCADA 服务器的状态，通知检修人员到现场进行处理，确认故障原因。

d. 将现场检查情况汇报站领导，并推送相关的现场检查信息。

2）情况二：

a. 监控后台检查。值长安排监盘人员检查和记录事故发生时间、监控系统报文、查看站网结构界面的 SCDA 服务器 A、B 的状态，确认 SCADA 服务器 A、B 中是否为 A 显示故障，为灰色（无服务状态），B 显示故障，为灰色（无服务状态），检查各个界面设备状态有无变换的情况等信息，确认信息记录是否正确完备。

b. 汇报调度及站领导，并安排人员进行现场设备检查。值长向调度汇报，并向站领导推送相关信息，同时安排人员开展现场设备检查。

c. 现场检查情况。值长安排巡视人员 B、C 戴护目镜，对讲机、电子钥匙去站及双极控保室的 SCM 服务器系统屏查看现场设备情况，检查 SCADA 服务器的状态，通知检修人员到现场进行处理，确认故障原因，并安排值班人员 C、D 至后备工作站对全站设备进行监视。

d. 将现场检查情况汇报调度及站领导，并推送相关的现场检查信息。

（3）故障点隔离。

无。

（4）整理相关记录，编制"事故快报"。由站内运维专责根据现场信息编制"事故快报"，2021 年 4 月 3 日 15:30:42 该换流站 SCADA 服务器故障；故障设备于 2019 年 1 月 11 日正式投入运行，现场天气情况为晴，运行方式为双极四换流器大地回线方式运行，输送功率 4490MW，直流系统运行正常；经站内审核无误后报送运检部。

（5）检修处理工作。站内领导通知换流站相关专业组织抢修，准备备品备件及工器具，对故障情况进行详细检查；整理现场相关资料。

第二节　无　功　控　制

无功功率控制是集成在控制系统内的一个功能。为了控制与交流系统的无功功率交换（Q_Control）或控制交流母线电压（U_Control），RPC 会投/切交流滤波器/并联电容组。如果所控制的量超过预先的设定值，那么系统就会开始执行投/切命令。

RPC 提供的"MinFilter"和"AbsMinFilter"功能会同时控制满足谐波滤波的要求。

为了避免过电压，在 RPC 中又实现了另外两个功能："Q_Maximum"功能和"U_Maximum"功能。这两个功能允许 RPC 切除滤波器和/或并联电容器组，来最大限度地减小过电压保护动作。

RPC 中的不同功能具有不同的优先级，从高到低如下：交流过电压控制、绝对最小滤波器组、交流母线电压限制、最大无功限制、最小滤波器、无功控制/电压控制。

（1）交流过电压控制。过压快切功能检测到母线电压超过一定值，按照相应的策略切除滤波器，以降低母线电压。该换流站监视 500kV 电网交流电压水平，临沂站换流器分层接入两个交流电网，其无功控制分别监视各自母线电压水平，过压快切时，切除的是对应电网的交流滤波器。

（2）绝对最小滤波器组。绝对最小滤波器是为了防止交流滤波器过负荷所需投入的最小滤波器组。在各运行工况（单/双极、单/全阀组、降压/全压）及功率下，绝对最小滤波器对各类型滤波器的数量要求不满足绝对最小滤波器要求，则发出命令投入缺少的类型的滤波器，防止滤波器过负荷。

（3）交流母线电压限制。最高/最低电压控制，用于监视和限制换流站稳态交流母线电压。通过在电压超过最大限制时切除交流滤波器组，和在电压低于最小限制时投入滤波器组，来对交流母线电压进行控制，维持稳态交流电压在过压保护动作的水平以下，避免保护动作。

（4）最大无功限制。QMAX 功能通过切除运行的交流滤波器组/并联电容器组，使得换流站流向交流系统的无功量不超过最高限幅值。QMAX 主要用于闭锁时切除滤波器，正常运行时设定值很大，不起限制作用。

（5）最小滤波器。最小滤波器组是为满足滤波性能要求最少需要投入的滤波器形式和数量。影响最小滤波器的因素包括直流输送功率、站模式（整流/逆变）、解锁阀组个数、直流电压（全压/降压）。当滤波要求不能满足时，该功能发出投入交流滤波器组命令，直到滤波要求满足。最小滤波器控制不会切除滤波器，但会限制 Q_CONTROL 和 U_CONTROL 发出的切除指令。

（6）无功控制/电压控制。此功能用于控制换流站与交流系统的无功交换量，或换流站交流母线电压为设定的参考值。Q_CONTROL/U_CONTROL 不能同时作用。

案例 2

交流滤波器频繁投切故障

1. 预想事故情况

2021 年 3 月 17 日 15:30，该换流站 500kV 交流滤波器频繁投切。

2. 运行方式

2.1 直流系统

（1）双极典型方式一运行，输送功率 4000MW，当前该站为非主控站。

（2）极Ⅰ控制保护 A 套（pole one pole control and protection A，P1PCPA）、极Ⅰ高端阀组控制保护（pole one converter C&P A，CCP11A）、极Ⅰ低端阀组控制保护（pole one converter C&P A，CCP12A）、极Ⅱ控制保护 A 套（pole two pole control and protection A，P2PCPA）、极Ⅱ高端阀组控制保护（pole two converter C&P A，CCP21A）、极Ⅱ低端阀组控制保护（pole two converter C&P A，CCP22A）主用，极Ⅱ为控制极。

（3）安全稳定控制装置正常投入运行。

2.2 交流系统

（1）500kV 交流进线Ⅰ线、Ⅱ线、Ⅲ线、Ⅳ线、Ⅴ线、Ⅵ线未投运（相关线路的短引线保护均正常投入）；500kV 交流进线Ⅶ线、Ⅷ线运行，500kV 1 号母线、2 号母线运行，500kV 交流场所有断路器运行。

（2）第一、二、三、四大组滤波器母线运行，5611、5613、5621、5622、5623、5643 交流滤波器运行。

（3）750kV 1 号母线、2 号母线运行，750kV 交流进线Ⅰ线、750kV 交流进线Ⅱ线、750kV 交流进线Ⅲ线，750kV 所有断路器运行正常，1、2、3 号主变压器运行正常，66kV 电容器在冷备用状态，66kV 电抗器在热备状态正常。

（4）110kV 站用变压器、66kV 1 号和 2 号站用变压器运行，10kV 0 号母线、1 号母线、2 号母线运行。

2.3 站用低压直流系统

站公用站用低压直流系统、极Ⅰ高端阀组站用低压直流系统、极Ⅰ低端阀

组站用低压直流系统、极Ⅱ高端阀组站用低压直流系统、极Ⅱ低端阀组站用低压直流系统、500kV交流场站用低压直流系统、750kV交流场站用低压直流系统、交流滤波器场站用低压直流系统运行。

2.4 现场天气情况

天气晴，环境温度10℃。

3．事故处理过程

（1）异常现象。

1）事故警铃响起。

2）重要报文信息："2021年3月17日15:30:42，监盘人员发现OWS后台报"U或Q控模式切除交流滤波器""5622分"；2021年3月17日15:30:48报"U或Q控模式投入交流滤波器""5612合"；2021年3月17日15:30:53报"U或Q控模式切除交流滤波器""5643分"；2021年3月17日15:30:48报"U或Q控模式投入交流滤波器""5622合"……

3）交流滤波器场界面状态：交流滤波器频繁投切。

4）直流场界面状态：运行正常。

5）直流顺控界面状态：直流系统双极四换流器大地回线4000MW运行正常。

（2）设备检查及分析判断。

1）监控后台检查。值长安排监盘人员检查和记录事故发生时间、监控系统报文、设备状态的变换、功率转带、系统有无电压、潮流越限的情况等信息，确认信息记录是否正确完备。

2）汇报调度并安排人员进行现场一、二次设备检查。值长组织人员汇报调度，向站领导推送相关信息，同时安排人员开展现场一、二次设备检查。

a．一次设备检查情况：值长安排巡视人员C、D（见附录）责任分工穿绝缘鞋，带对讲机、智能钥匙查看交流滤波器场设备情况，查找故障点，发现交流滤波器确为频繁投切状态。

b．二次设备检查情况：现场查看500kV 3号继电器小室四大组交流滤波器保护屏A/B，保护装置及合并单元状态指示灯正常，无故障信息；保护装置及汇控柜二次接线无明显异常。

3）监盘人员通过OWS系统发现极Ⅱ极控系统P2PCPA频繁发出U或Q控模式投入或切除交流滤波器命令，检查发现切除交流滤波器后系统无功交换值约为-100Mvar，投入交流滤波器后系统无功交换值约为 100Mvar，不满足 Q 控模式投切交流滤波器条件（在当前工况下无功死区值 Q_{ded} 为 215Mvar，无功控制参考值 Q_{ref} 为 0Mvar，当换流站与交流系统的无功功率交换值 Q_{ex} 满足：$Q_{ex}>Q_{ref}+Q_{ded}$ 或 $Q_{ex}<Q_{ref}-Q_{ded}$，控制系统就会发出命令，投入或切除一组滤波器或并联电容器）。

4）值长下令后台手动由 P2PCPA 值班系统切换至 P2PCPB 系统值班，系统恢复正常运行，初步判断为当前极 Ⅱ 极控系统 P2PCPA 系统故障。

5）第二次汇报调度并向站领导推送相关信息。

6）汇报调度并向站内领导推送现场故障及一、二次设备检查情况。

（3）故障点隔离。

1）将控制极切至极 Ⅰ。

2）通知二次检修人员排查处理。

（4）整理相关记录，编制"事故快报"。由站内运维专责根据现场信息编制"事故快报"，2021 年 3 月 17 日 15:30:42 该换流站交流滤波器频繁投切；交流滤波器断路器型号为 550PM63-40，保护装置型号为 PCS-976A，直流监控系统型号为 PCS9700，均于 2019 年 1 月 11 日正式投入运行，现场天气情况为晴。故障前为双极四换流器大地回线方式运行，输送功率 4000MW，500kV 交流系统运行正常；故障后直流系统双极四换流器运行正常，直流系统无设备状态改变及功率损失；经站内审核无误后报送运检部。

（5）检修处理工作。站内领导安排相关专业组织抢修，站内检修专业开票工作，对故障设备进行详细检查：开展故障设备及相关一次设备例行及诊断性试验，整理现场相关资料。

确定有问题的设备后，准备备品备件及工器具，开展站内抢修工作。如有需要联系应急抢修单位到站进行处理。

案例 3

500kV 交流进线Ⅶ线线路故障线路保护拒动

1. 预想事故情况

2021 年 4 月 17 日 15:30，该换流站 500kV 交流进线Ⅶ线线路故障线路保护拒动，导致线路对侧线路后备距离保护Ⅱ段动作跳开 5082、5083 开关。

1.1　直流系统

（1）双极典型方式一运行，输送功率 4000MW，当前该站为主控站。

（2）极Ⅰ控制保护 A 套（pole one pole control and protection A，P1PCPA）、极Ⅰ高端阀组控制保护（pole one converter C&P A，CCP11A）、极Ⅰ低端阀组控制保护（pole one converter C&P A，CCP12A）、极Ⅱ控制保护 A 套（pole two pole control and protection A，P2PCPA）、极Ⅱ高端阀组控制保护（pole two converter C&P A，CCP21A）、极Ⅱ低端阀组控制保护（pole two converter C&P A，CCP22A）主用，极Ⅱ为控制极。

（3）安全稳定控制装置正常投入运行。

1.2　交流系统

（1）500kV 交流进线Ⅰ线、Ⅱ线、Ⅲ线、Ⅳ线、Ⅴ线、Ⅵ线未投运（相关线路的短引线保护均正常投入）；500kV 交流进线Ⅶ线、Ⅷ线运行，500kV 1 号母线、2 号母线运行，500kV 交流场所有断路器运行。

（2）第一、二、三、四大组滤波器母线运行，5611、5613、5621、5622、5623、5643 交流滤波器运行。

（3）750kV 1 号母线、2 号母线运行，750kV 交流进线Ⅰ线、750kV 交流进线Ⅱ线、750kV 交流进线Ⅲ线，750kV 所有断路器运行正常，1、2、3 号主变压器运行正常，66kV 电容器在冷备用状态，66kV 电抗器在热备状态正常。

（4）110kV 站用变压器、66kV 1 号和 2 号站用变压器运行，10kV 0 号母线、1 号母线、2 号母线运行。

1.3　站用低压直流系统

站公用站用低压直流系统、极Ⅰ高端阀组站用低压直流系统、极Ⅰ低端阀组站用低压直流系统、极Ⅱ高端阀组站用低压直流系统、极Ⅱ低端阀组站用低压直流系统、500kV 交流场站用低压直流系统、750kV 交流场站用低压直流系统、交流滤波器场站用低压直流系统运行。

1.4　现场天气情况

中雨，环境温度 8℃。

2. 事故处理过程

（1）异常现象。

1）事故警铃响起。

2）重要报文信息：2021 年 4 月 17 日 15:30:42，监盘人员发现 OWS 后台报"S1ACC8 A 500kV 交流进线Ⅶ线第二套保护动作""S1ACC8 B 500kV 交流进线Ⅶ线第二套保护动作""S1ACC8A/B WB.W8.Q2（5082）断路器 A/B/C 相分""保护发出锁定交流断路器命令""S1ACC8A/B WB.W8.Q2（5083）断路器 A/B/C 相分""保护发出锁定交流断路器命令"。

3）交流场界面状态：500kV 交流进线Ⅶ线开关 5082、5083 断路器跳开并锁定。

（2）设备检查及分析判断。

1）监控后台检查。值长安排监盘人员检查和记录事故发生时间、监控系统报文、设备状态的变换、线路有无电压的情况等信息，确认信息记录是否正确完备。

2）汇报调度并安排人员进行现场一、二次设备检查。值班长组织人员汇报调度，向站领导推送相关信息，同时安排人员开展现场一、二次设备检查。

a. 一次设备检查情况：

a）值长安排巡视人员 B、C 穿雨衣、绝缘鞋，带对讲机查看交流场设备情况，查找故障点，未发现故障，通知检修人员确认故障点是否真实。

b）巡视人员赶赴 500kV GIS 查看 5082 和 5083 断路器电气指示和机械指示均在分位，在 500kV 2 号继电器室查看 5082 和 5083 断路器保护装置上显示为分位。

c）值长安排人员 D 通过视频监控系统对现场设备进行视频检查，通过视频回放的方式检查 500kV 交流进线Ⅶ线进线龙门架有无异常现象。

b. 二次设备检查情况：现场查看 500kV 交流进线Ⅶ线 A、B 套保护屏柜，A 套装置面板告警灯跳 A/B/C 红灯亮熄灭，查看二次屏柜装置后柜门发现 CSC103A 保护装置直流电源空开 1K 跳开；B 套装置运行，跳 A/B/C 红灯亮；查看 500kV 2 号继电器室内开关保护屏，500kV 5082、5083 断路器保护屏操作箱上三相分闸指示灯均点亮，第一、二组跳闸出口指示灯也点亮，装置显示状态正常。查看故障录波及线路故障测距发现，初步判断 500kV 交流进线Ⅶ线发生 C 相永久性故障。

3）第二次汇报调度并向站领导推送相关信息。

4）汇报调度并申请将 500kV 交流进线Ⅶ线转为检修状态，对一次设备及二次设备进一步详细检查及处理。

（3）故障点隔离。

1）申请调度将500kV交流进线Ⅶ线转检修。

2）操作500kV交流场将5082和5083断路器转为冷备用。

3）合上508367接地开关，将500kV交流进线Ⅶ线转检修。

（4）整理相关记录，编制"事故快报"。由站内运维专责根据现场信息编制"事故快报"，2021年4月17日15:30:42该换流站500kV交流进线Ⅶ线线路故障，因500kV交流进线Ⅶ线第二套保护因检修在信号状态，第一套保护直流电源空开跳开，导致500kV交流进线Ⅶ线线路保护拒动，对侧线路保护后备距离保护Ⅱ段动作5082、5083开关跳开、远跳500kV交流进线Ⅶ线跳闸；故障设备于2019年1月11日正式投入运行，型号为CSC-103A，现场天气情况中雨。故障前为双极四换流器大地回线方式运行，输送功率4000MW，500kV交流系统运行正常；故障后直流系统双极四换流器大地回线3500MW运行，功率损失500MW，500kV交流系统5082、5083断路器跳闸，其余正常运行；经站内审核无误后报送运检部。

（5）检修处理工作。站内领导安排相关专业组织抢修，站内检修专业开票工作，对故障设备跳闸情况进行详细检查：开展故障设备及相关一次设备开展例行及诊断性试验，整理现场相关资料。

确定有问题的设备后，准备备品备件及工器具，开展站内抢修工作。如有需要联系应急抢修单位到站进行处理。

第七章 综合性事故预想与处理

第一节 阀水冷却系统简介

特高压换流站阀冷却系统是一个密闭的循环系统，它通过冷却介质的流动带走核心元件可控硅阀（换流阀）由于消耗功率所产生的热量。从散热效果、防火、防腐蚀等多方面因素考虑，阀冷却系统的冷却介质采用去离子水。因此，我们通常把阀冷却系统称作阀水冷系统。

如图 7-1 水冷却系统所示，冷却系统主要由主循环水泵、空气冷却器、闭式冷却塔、去离子装置、脱气罐、电加热器、膨胀水箱、过滤器、补充水泵、配电及控制等设备组成。冷却水在室内换流阀热交换器内加热升温后，由循环水泵驱动进入室外空气冷却器，空气冷却器配置有换热盘管（带翅片）及变频

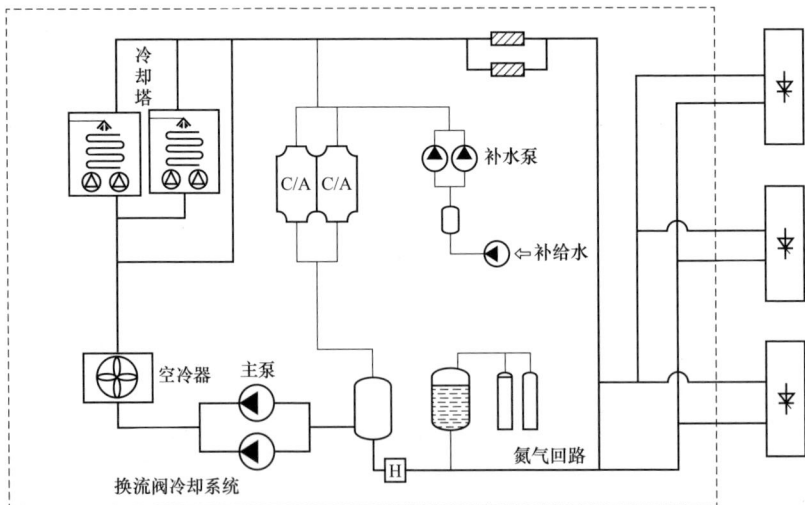

图 7-1 水冷却系统

调速风机，风机驱动室外大气冲刷换热盘管外表面，使换热盘管内的水得以冷却，降温后的冷却水由循环水泵再送至室内，如此周而复始地循环。

为了控制进入换流阀内冷却水的电导率，在主循环回路上并联一个水处理回路。水处理回路主要由一用一备的离子交换器和交换器出水段的精密过滤器组成。系统运行时，部分内冷却水将从主循环回路旁通进入水处理装置进行去离子处理，去离子后的内冷却水其电导率将会降低，处理后的内冷却水再回至主循环回路。通过水处理装置连续不断地运行，内冷却水的电导率将会被控制在换流阀所要求的范围之内。同时，为防止交换器中的树脂被冲出而污染冷却水水质，在交换器出水口设置一个精密过滤器。该站每个阀冷系统的室外空冷器采用 $N+1$ 的冗余配置，当一台空冷器管束故障切除后，本冷却系统仍可以满足换流阀的冷却需求。

当夏季温度超过设计温度或者进阀温度接近报警值时，将启动闭式冷却塔，以保证换流阀对进阀温度的要求。阀冷却系统设置就地控制和中央监控，采用 PLC 控制器，对冷却水的水温、电导率、水压、流量等参数进行监测、显示和自动调节，控制系统从电源、传感器及控制器均设置冗余配置。

案例 1

极 Ⅱ 高端 1 号主循环泵故障

1．预想事故情况

2021 年 4 月 17 日 15:30，该换流站极 Ⅱ 高端阀冷系统 1 号主循环泵严重发热、冒烟现象故障。

2．运行方式

2.1 直流系统

（1）双极典型方式一运行，输送功率为 4000MW，当前该站为主控站。

（2）极 Ⅰ 控制保护 A 套（pole one pole control and protection A，P1PCPA）、极 Ⅰ 高端阀组控制保护（pole one converter C&P A，CCP11A）、极 Ⅰ 低端阀组控制保护（pole one converter C&P A，CCP12A）、极 Ⅱ 控制保护 A 套（pole two pole control and protection A，P2PCPA）、极 Ⅱ 高端阀组控制保护（pole two converter C&P A，CCP21A）、极 Ⅱ 低端阀组控制保护（pole two converter C&P A，

CCP22A）主用，极Ⅱ为控制极。

（3）安全稳定控制装置正常投入运行。

2.2　交流系统

（1）500kV 交流进线Ⅰ线、Ⅱ线、Ⅲ线、Ⅳ线、Ⅴ线、Ⅵ线未投运（相关线路的短引线保护均正常投入）；500kV 交流进线Ⅶ线、Ⅷ线运行，500kV 1号母线、2号母线运行，500kV 交流场所有断路器运行。

（2）第一、二、三、四大组滤波器母线运行，5611、5613、5621、5622、5623、5643 交流滤波器运行。

（3）750kV 1号母线、2号母线运行，750kV 交流进线Ⅰ线、750kV 交流进线Ⅱ线、750kV 交流进线Ⅲ线，750kV 所有断路器运行正常，1、2、3 号主变压器运行正常，66kV 电容器在冷备用状态，66kV 电抗器在热备状态正常。

（4）110kV 站用变压器、66kV 1号和2号站用变压器运行，10kV 0号母线、1号母线、2号母线运行。

2.3　站用低压直流系统

站公用站用低压直流系统、极Ⅰ高端阀组站用低压直流系统、极Ⅰ低端阀组站用低压直流系统、极Ⅱ高端阀组站用低压直流系统、极Ⅱ低端阀组站用低压直流系统、500kV 交流场站用低压直流系统、750kV 交流场站用低压直流系统、交流滤波器场站用低压直流系统运行。

2.4　现场天气情况

晴，环境温度 26℃。

3．事故处理过程

（1）异常现象。

1）OWS 后台事故警铃响起。

2）重要报文信息：2021 年 4 月 17 日 15:30:42，监盘人员发现 OWS 后台报"极Ⅱ高端 E1.P01 泵故障停运"和"极Ⅱ高端主泵 P01 切换至备用泵 P02 运行"。

3）交直流系统运行正常。

4）水冷界面状态：P01 主泵停运，P02 主泵运行。

5）直流顺控界面状态：直流系统双极四换流器大地回线 4000MW 运行正常。

（2）设备检查及分析判断。

1）监控后台检查。值长安排监盘人员检查和记录事故发生时间、监控系统报文、设备状态的变换、功率转带、系统有无电压、潮流越限的情况等信息，确认信息记录是否正确完备。

2）汇报并安排人员进行现场一、二次设备检查。值长组织人员，向站领导推送相关信息，同时安排人员开展现场一、二次设备检查。

一次设备检查情况：

a. 值长安排人员 B（见附录）通过视频监控系统对现场设备进行视频检查，通过视频回放的方式检查发现极Ⅱ高端 1 号主循环泵有冒烟现象，现场已自动切换至 P02 泵且运行正常。

b. 值长安排巡视人员 C、D 穿绝缘鞋，携带防毒面具、智能钥匙、对讲机、红外测温仪查看极Ⅱ辅控楼高端 1 号循环泵设备情况，并利用红外测温仪对阀冷进阀管路进行测温，发现极Ⅱ高端 1 号主循环泵电机严重发热、冒烟，通知检修人员确认故障点。检查阀外冷系统冷却器风机启动情况、冷却塔风机及喷淋泵启动情况、防冻棚卷帘门及天窗开启情况，并检查阀内冷系统相关参数。

二次设备检查情况：现场查看极Ⅱ高端阀冷单元控制屏 1、2 内线路无松动，无短路，无焦糊味，用红外测温仪测温无发热，空开无断开。极Ⅱ高端界面 P02 备用泵运行。

3）第二次向站领导推送相关信息。

4）汇报站领导现场一、二次设备检查情况及现场应急处置措施。

（3）故障点隔离。

1）断开 P01 主泵动力屏内"3QC1 软起控制开关""3QC2 旁路控制开关"。

2）断开极Ⅱ高端发冷设备间主泵 P01 安全开关，关闭电磁阀 V103、V126。

3）按下控制屏上 F3 泄漏屏蔽按钮，将微分泄漏保护退出。

4）为防止极Ⅱ高 400V 备自投动作，导致备用泵 P02 失电，最终造成极Ⅱ高阀组跳闸闭锁，可短时间内将 400V 站用电极Ⅱ高备自投打至手动。

5）持续关注极Ⅱ高端阀冷进出阀温度变化趋势。

（4）整理相关记录，编制"事故快报"。由站内运维专责根据现场信息编制"事故快报"，2021 年 4 月 17 日 11:30:42 该换流站极Ⅱ高端 E1.P01 泵过热切换至备用泵 P02 运行。阀冷系统于 2019 年 1 月 11 日正式投入运行，系统型号为 ZLSX210-6200-381-D，现场天气情况为晴。故障前为双极四换流器大地回线方式运行，输送功率 4000MW，500kV 交流系统运行正常；故障后交直流系统运行正常，无状态改变及功率损失等情况；经站内审核无误后报送运检部。

（5）检修处理工作。站内领导安排相关专业组织抢修，站内检修专业开票工作，对故障设备进行详细检查：开展故障设备及相关一次设备开展例行及诊断性试验，整理现场相关资料。

确定有问题的设备后，准备备品备件及工器具，开展站内抢修工作。如有需要，联系应急抢修单位到站进行处理。

案例2

极Ⅰ低阀内水冷系统进水温度高

1．预想事故情况

2021年4月17日11:30，该换流站极1低阀水冷系统进阀温度高报警。

2．运行方式

2.1　直流系统

（1）双极典型方式一运行，输送功率4000MW，当前该站为主控站。

（2）极Ⅰ控制保护A套（pole one pole control and protection A，P1PCPA）、极Ⅰ高端阀组控制保护（pole one converter C&P A，CCP11A）、极Ⅰ低端阀组控制保护（pole one converter C&P A，CCP12A）、极Ⅱ控制保护A套（pole two pole control and protection A，P2PCPA）、极Ⅱ高端阀组控制保护（pole two converter C&P A，CCP21A）、极Ⅱ低端阀组控制保护（pole two converter C&P A，CCP22A）主用，极Ⅱ为控制极。

（3）安全稳定控制装置正常投入运行。

2.2　交流系统

（1）500kV交流进线Ⅰ线、Ⅱ线、Ⅲ线、Ⅳ线、Ⅴ线、Ⅵ线未投运（相关线路的短引线保护均正常投入）；500kV交流进线Ⅶ线、Ⅷ线运行，500kV 1号母线、2号母线运行，500kV交流场所有断路器运行。

（2）第一、二、三、四大组滤波器母线运行，5611、5613、5621、5622、5623、5643交流滤波器运行。

（3）750kV 1号母线、2号母线运行，750kV交流进线Ⅰ线、750kV交流进线Ⅱ线、750kV交流进线Ⅲ线，750kV所有断路器运行正常，1、2、3号主变压器运行正常，66kV电容器在冷备用状态，66kV电抗器在热备状态正常。

（4）110kV 站用变压器、66kV 1 号和 2 号站用变压器运行，10kV 0 号母线、1 号母线、2 号母线运行。

2.3　站用低压直流系统

站公用站用低压直流系统、极Ⅰ高端阀组站用低压直流系统、极Ⅰ低端阀组站用低压直流系统、极Ⅱ高端阀组站用低压直流系统、极Ⅱ低端阀组站用低压直流系统、500kV 交流场站用低压直流系统、750kV 交流场站用低压直流系统、交流滤波器场站用低压直流系统运行。

2.4　现场天气情况

晴，环境温度 30℃。

3．事故处理过程

（1）异常现象。

1）OWS 后台报警铃声响起。

2）重要报文信息：2021 年 4 月 17 日 11:30:42，监盘人员发现 OWS 后台报"极Ⅰ低阀水冷系统进阀温度高""冷却系统失去冗余冷却能力"。

3）极Ⅰ低阀内水冷界面：进阀温度 47.5℃，出阀温度 58.5℃。

4）交直流系统运行正常。

（2）设备检查及分析判断。

1）监控后台检查。值长安排监盘人员检查和记录事故发生时间、监控系统报文、设备状态的变换、功率转带、系统有无电压、潮流越限的情况等信息，确认信息记录是否正确完备。

2）汇报站部领导并安排人员进行现场一、二次设备检查。值长组织人员汇报站领导，并向站领导推送相关信息，同时安排人员开展现场一、二次设备检查。

一次设备检查情况：值长安排人员 C、D（见附录）携带智能钥匙、对讲机、红外测温仪查看阀水冷系统运行情况，查找故障点，并利用红外测温仪对阀冷进阀管路进行测温，初步分析告警真实性，检查阀外冷系统冷却器风机启动情况、冷却塔风机及喷淋泵启动情况、防冻棚卷帘门及天窗开启情况。

二次设备检查情况：现场查看极Ⅰ低端阀冷单元控制屏 1、2 均报出进阀温度高等异常信息，人机界面就地显示屏进阀温度传感器 TT01 为 47.5℃、TT02 为 47.2℃、TT03 为 47.3℃，温度均超过进阀温度高报警定值（47℃），出阀温度传感器 TT04 为 58.5℃、TT05 为 58.3℃，尚未超过出阀温度高报警定值（59℃），阀冷单元控制屏、风机动力屏及冷却塔动力屏二次接线均正常。

3）值长安排人员 B 通过 OWS 系统后台查看极Ⅰ低端阀水冷系统进出阀温度历史曲线，密切监视进出阀温度变化趋势，若进阀温度持续升高，及时汇报当班值长；检查发现自 9:00 之后极Ⅰ低端阀冷系统进阀温度持续升高，且无冷却器启停信息，极Ⅰ低端阀外冷冷却器为 1 组运行，另外 3 个阀组均为 4 组冷却器运行，结合现场 3 个进阀温度传感器、2 个出阀温度传感器测量数值对比及对现场进阀管路测温结果分析，确认报警真实，初步判断为阀冷控制系统故障无法按照正常逻辑控制阀外冷冷却器及冷却塔启停导致进阀温度升高。

4）第二次汇报站领导并推送相关信息。

5）汇报站领导现场一、二次设备检查情况及现场应急处置措施。

（3）故障点隔离。

1）现场手动启动阀外冷冷却器及冷却塔。

2）安排驻站消防人员利用站内水消防系统对阀外冷进行辅助降温。

3）持续关注极Ⅰ低端阀冷进出阀温度变化趋势。

4. 整理相关记录，编制"事故快报"

由站内运维专责根据现场信息编制"事故快报"，2021 年 4 月 17 日 11:30:42 该换流站极Ⅰ低端阀冷系统进阀温度高报警，阀冷系统于 2019 年 1 月 11 日正式投入运行，内系统型号为 ZLSX210-6200-381-D，阀冷却系统的运行、控制、保护和监视由 S7-400 系列 PLC 控制单元处理器完成，现场天气情况为晴。故障前为双极四换流器大地回线方式运行，输送功率为 4000MW，500kV 交流系统运行正常；故障后交直流系统运行正常，无状态改变及功率损失等情况；经站内审核无误后报送运检部。

5. 检修处理工作

站内领导安排相关专业组织抢修，站内检修专业开票工作，对故障设备进行详细检查：开展故障设备及相关一次设备开展例行及诊断性试验，整理现场相关资料。

确定有问题的设备后，准备备品备件及工器具，开展站内抢修工作。如有需要，联系应急抢修单位到站进行处理。

第二节　空调冷却系统

一、阀厅空调通风系统构成

阀厅内设置可控硅换流阀，在运行时，各元件的功耗发热量主要通过阀冷水系统带走，元件正常运行环境温度 10～50℃，相对湿度 10%～50%。此外，当阀厅停运检修时，阀厅内还需要保证适宜的工作环境和清洁度要求。为此，阀厅需要设置必要的空调通风系统，并保持阀厅内的微正压。阀厅空调通风系统由空调乙二醇水溶液系统（简称水系统）、风系统和阀外冷设备间空调通风系统三部分组成，如图 7-2 所示。

1．空调水系统

空调水系统为机械循环闭式两管制，主要由空调室外机组（air source heat pump，ASHP），定压、补水、真空脱气机组（electron cyclotron resonance thruster，ECT），乙二醇水溶液泵（ethylene glycol water heat pump，CHP），乙二醇补水箱（water ethylene glycol tank，WT）及相应电动阀门、管道，和对应的控制系统组成。

1.1　空调室外机组（ASHP）概述

空调室外机组全称空气源热泵机组（ASHP），由压缩机、蒸发器、风冷式冷凝器、机组控制元器件、制冷剂管道等部分组成。主要作用是通过制冷剂汽化吸热的原理冷却循环载冷剂，为空气处理单元（AHU）提供降温所需的冷量。制冷剂采用 R407C 环保冷媒，循环载冷剂采用 25%乙二醇水溶液（pH 值为 7.0～7.5）。冷、热供回液温度分别为 7℃、45℃。每个阀厅均配备两台空调室外机组，高端阀厅的空调室外机组安装在高端阀厅空调设备室屋面上，低端阀厅的空调室外机组安装在辅控楼 3 层室外平台上。

空调室外机组内部原理图如图 7-3 空调室外机组内部原理所示。

空调室外机组工作模式有如下三种：

（1）制冷模式见图 7-4 空调室外机组制冷模式流程。

1）经过压缩机的压缩，低温低压的制冷剂气体成为高温高压的制冷剂气体，从压缩机排气管道排出后，通过四通换向阀进入冷凝器（空气热交换器）。冷煤通过盘管的外部翅片将热量释放到空气中，制冷剂被冷凝。

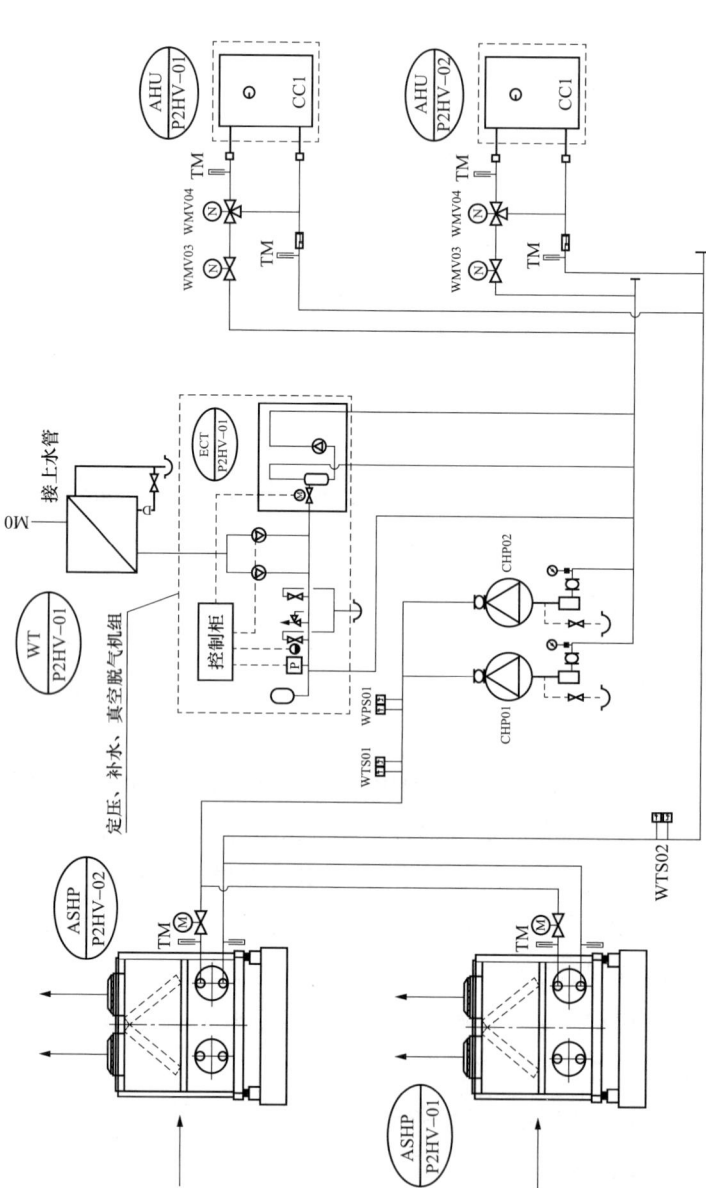

图 7-2 阀厅空调水系统

1—空调室外机组（ASHP）；2—定压、补水、真空脱气机组（ECT）；3—乙二醇水溶液泵（CHP）；4—乙二醇补水箱（water ethylene glycol tank，WT）；5—压力传感器（weighted pressure sensor，WPS）；6—温度传感器（temperature sensor，WTS）；7—电磁阀（water management valve，WMV）；8—空气处理单元（air handling units，AHU）

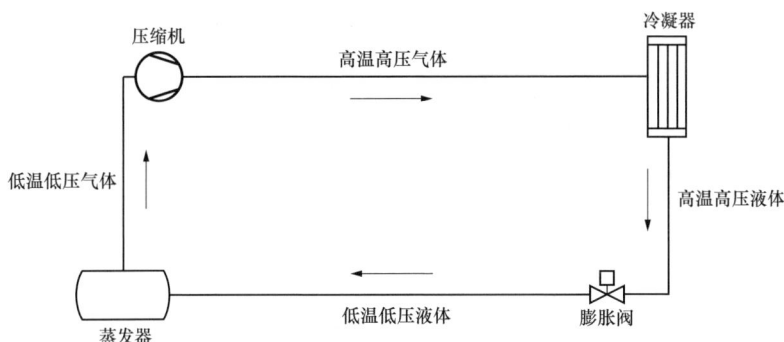

图 7-3　空调室外机组内部原理

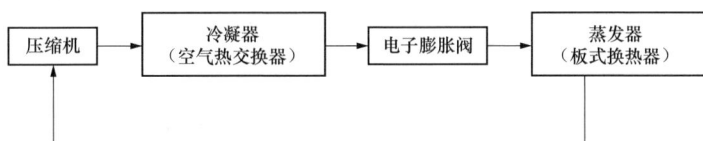

图 7-4　空调室外机组制冷模式流程

2）经过冷凝器冷凝后的高压制冷剂液体，流过干燥过滤器、受液器、止回阀、进入电子膨胀阀。液体的冷煤在经过电子膨胀阀后体积膨胀，状态改变，变成了低温、低压的气液混合物。

3）制冷剂的气液混合物经管道流入蒸发器（板式换热器），制冷剂在热交换器中膨胀蒸发，由载冷剂将冷量带给用户。

4）经过膨胀蒸发的低压过热的制冷剂气体，经过四通换向阀和压缩机吸气管道进入压缩机，再次压缩。

（2）制热模式如图 7-5 空调室外机组制热模式流程。

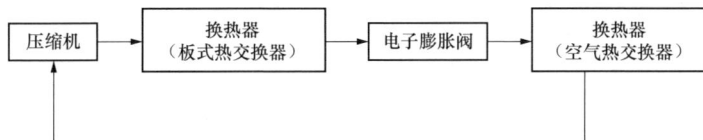

图 7-5　空调室外机组制热模式流程

1）经过压缩机的压缩，低温低压的制冷剂气体成为高温高压的制冷剂气体，从压缩机排出后，通过四通换向阀进入换热器（板式热交换器）。利用载冷剂将制冷剂的热量带给客户。同时，制冷剂被冷凝为高压的液体。

2）高压的制冷剂液体经过止回阀、受液器、干燥过滤器后进入电子膨胀阀，制冷剂体积膨胀，状态改变，变为低压低温的气液混合物。

3）经过管道后在换热器（空气热交换器）中蒸发，吸收空气的热量。

4）经过膨胀蒸发的低压过热的制冷剂气体，经过四通换向阀和压缩机吸气管道进入压缩机，再次压缩。

（3）除霜模式。

1）当机组在供热方式运行，环境空气低于额定温度时，热交换器（空气热交换器）就会结霜，影响制热的效果，因此需要加热除霜。

2）除霜控制通过结合定时器，对室外气温、空气热交的冷媒温度进行长期监控，检测是否有冰产生。

3）机组经过四通换向阀将制热运转变为制冷运转，这时高温高压的制冷剂气体经过热交换器（空气热交换器）进行除霜。

4）除霜结束后，通过四通换向阀的切换，制冷运转再次恢复为制热运转。

1.2 乙二醇水溶液泵（CHP）概述

每个阀冷空调设备间内均配备 2 台乙二醇水溶液泵，2 台乙二醇水溶液泵互为备用，主要作用是为载冷剂（25%乙二醇水溶液）的循环流动提供动力。

1.3 定压、补水、真空脱气机组（ECT）概述

定压、补水、真空脱气机组由 2 台不锈钢管道泵、稳压罐、真空脱气机、控制箱等设备组成，在所有闭合水循环系统中都能高效地运转。它的工作原理是将水循环系统中的一部分液体置于真空的环境下，此时液体中的游离态气体及溶解态气体就会释出。之后，这部分已经过脱气处理的、有吸收性的液体将被注回水循环系统中参加循环。它们会重新吸收系统中的游离态气体和溶解态气体，以再次达到平衡。经过多次这样的过程之后，水循环系统中的游离态气体及溶解态气体就都被去除了。脱气的同时，通过压力传感器检测系统压力，在系统压力低于设定下限时，启动补水泵进行补水；系统压力高于设定上限时，打开泄水电磁阀，泄水泄压，以此保证系统压力的稳定。当补水泵启动时，脱气停止；当补水泵停止后，脱气再次启动。

定压、补水、真空脱气机组具有以下功能：

（1）自动向系统补水，稳定系统压力。

（2）自动脱气。

（3）系统压力过高时，自动泄水。

（4）防止水系统的频繁启动。

1.4　乙二醇补水箱（WT）概述

乙二醇补水箱（WT）内应定期补充浓度为 25%的乙二醇水溶液，以保证定压、补水、真空脱气机组（ECT）对整个水系统的正常补水。

2.　空调风系统

空调风系统为全空气二次回风系统，由空气处理单元（AHU）、送/回风管、电动风阀、手动风阀、吸风管等及其对应的控制系统组成。

空气处理单元（AHU）为二次回风系统，由新风、一次回风、初效过滤段；中间+中效过滤段；表面冷却器、电加热器段；二次回风、风机段；中间+高效过滤段；送风段组成。内置鼓风机，冷却器，加热器，过滤器等设备。主要作用是促进阀厅与外界空气的流通，作为降低阀厅环境温度和湿度的辅助手段。

每个阀冷空调设备间内均配备两套空气处理单元（AHU），互为备用。每套空气处理单元（AHU）连接 4 根通风管，分别是新风管（1 根），送风管（1 根），回风管（两根）。每根风管上均安装有电动风阀和手动风阀，在风管与阀厅的连接处，还安装有防火阀。每套高压阀厅空气处理单元（AHU）总风量为 38000m³/h，新风量为 11000m³/h；每套低压阀厅空气处理单元（AHU）总风量为 35000m³/h，新风量为 13500m³/h。

高压阀厅内部出风管与空气处理单元（AHU）的送风管相连通，共 16 根，其中短出风管 7 根，每根设 1 个出风口；长出风管 8 根，每根长出风管上设有 3 个出风口；另 1 根短出风管弯向马道。低压阀厅出风管共 14 根，其中短出风管 7 根，长出风管 7 根。

其中：FF1 为初效过滤器（等级为 G4，质量法＞90%）；FF2 为中效过滤器（等级为 F6，比色法＞60%）；CC1 为表面冷却器，冷却盘管内的介质为浓度 25%的乙二醇水溶液；集水管应为铜管，盘管应采用铝合金翅片，并采用机械胀管的方法固定在紫铜管上，镀亲水膜；盘管后设置有挡水板，挡水板应采用不锈钢材料制成，起到除湿作用；HC1 为电加热器，由铬镍合金（80%高等级的镍和 20%铬）电阻加热元件构成，共分 18 个小组，每个小组加热元件功率是 6kW/380V，总电加热功率为 108kW；VFD 为变频送风机，采用进口优质低噪声双进风离心式风机，风机叶轮、罩壳及框架采用镀锌钢板制作，电机的功率为 30kW，风量为 38000m³/h。送风机采用后倾式叶轮，风机效率大于 75%；风机与电动机间应采用皮带传动，平时注意皮带的松紧和风机轴承润滑；FF3 为高效过滤器（等级为 H13，钠焰法＞99.97%）。

此外，每个高压阀厅内部还配备有 7 根循环风管，每根风管内都装设排风机和加热器，用于高压阀厅内的空气循环流通及除湿。每个阀冷空调设备间内均配备独立的送风口和排风口，用于阀冷空调设备间内的空气循环流动，其中阀冷空调设备间排风口与阀厅排风口相连通。

案例 3

2 号主变压器低压侧 3 号电抗器故障起火

1．预想事故情况

2021 年 4 月 23 日 19:30，该换流站功率升降过程中 3 号电抗器自动投入时起火。

2．运行方式

2.1　直流系统

（1）双极典型方式一运行，输送功率 4490MW，当前该站为主控站。

（2）极 I 控制保护 A 套（pole one pole control and protection A，P1PCPA）、极 I 高端阀组控制保护（pole one converter C&P A，CCP11A）、极 I 低端阀组控制保护（pole one converter C&P A，CCP12A）、极 II 控制保护 A 套（pole two pole control and protection A，P2PCPA）、极 II 高端阀组控制保护（pole two converter C&P A，CCP21A）、极 II 低端阀组控制保护（pole two converter C&P A，CCP22A）主用，极 II 为控制极。

（3）安全稳定控制装置正常投入运行。

2.2　交流系统

（1）500kV 交流进线 I 线、II 线、III 线、IV 线、V 线、VI 线未投运（相关线路的短引线保护均正常投入）；500kV 交流进线VII线、VIII线运行，500kV 1 号母线、2 号母线运行，500kV 交流场所有断路器运行。

（2）第一、二、三、四大组滤波器母线运行，5611、5612、5613、5621、5641、5642、5643 交流滤波器运行状态正常，其余交流滤波器热备用状态正常。

（3）750kV 1 号母线、2 号母线运行，750kV 交流进线 I 线、750kV 交流进线 II 线、750kV 交流进线 III 线，750kV 所有断路器运行正常，1、2、3 号主变压器运行正常，66kV 电容器在冷备用状态，66kV 电抗器在热备状态正常。

（4）110kV 站用变压器、66kV 1 号和 2 号站用变压器运行，10kV 0 号母线、1 号母线、2 号母线运行。

2.3　站用低压直流系统

站公用站用低压直流系统、极Ⅰ高端阀组站用低压直流系统、极Ⅰ低端阀组站用低压直流系统、极Ⅱ高端阀组站用低压直流系统、极Ⅱ低端阀组站用低压直流系统、500kV 交流场站用低压直流系统、750kV 交流场站用低压直流系统、交流滤波器场站用低压直流系统运行。

2.4　现场天气情况

晴，环境温度 31℃。

3．事故处理过程

（1）异常现象。

1）事故警铃响起：2021 年 4 月 23 日 19:30 运维人员操作功率由 4490MW 降至 4115MW，操作过程中 19:41 3 号电抗器自动投入，随后 3 号电抗器进线开关跳闸。监盘人员通过视频监控系统发现 3 号电抗器处有黑烟。

2）重要报文信息：2021 年 4 月 23 日 19:41:30 监盘人员发现 OWS 后台报出"2 号主变压器低压侧 3 号电抗器进线断路器 6621 跳闸并锁定""差动保护、过电流保护、过负荷保护、失压保护等保护动作""66kV 2 号母线低抗保护屏 3 号电抗器装置告警"。

（2）设备检查及分析判断。

1）监控后台检查。值长安排监盘人员检查和记录事故发生时间、监控系统报文、设备状态的变换、系统有无电压、潮流越限的情况等信息，确认信息记录是否正确完备。

2）汇报调度并安排人员进行现场一、二次设备检查。值长组织人员 F（见附录）汇报调度，向站领导推送相关信息，同时安排人员开展现场一、二次设备检查，汇报国调申请停止功率升降，向网调申请 3 号电抗器转检修，4 号电抗器由热备用转检修，66kV 2 号母线转检修。

一次设备检查情况：

a. 值长安排巡视人员 B、C 带对讲机、望远镜查看 66kV 区域和联络变区域设备情况；注意检查 4 号电抗器和 #4 电容器有无被引燃的风险，做好防护隔离。

b. 值长监盘人员 A 通过视频监控系统对现场设备进行视频检查，通过视频回放的方式检查发现 3 号电抗器在投入时有放电弧光。

二次设备检查情况：

a. 巡视人员 D、E 赶赴 750kV 继电器室查看 750kV 继电器室 66kV 2 号母线低抗保护屏、3 号电抗器保护动作情况。

b. 记录保护动作信号并核对正确后复归保护及其信号，打印故障录波并分析。

3）第二次向站领导推送相关信息。

4）汇报站领导现场一、二次设备检查情况及现场应急处置设施。

（3）故障点隔离。

1）申请国调停止功率升降。

2）申请网调将 3 号电抗器转检修，4 号电抗器由热备用转检修，3、4 号电容器由冷备用转检修，66kV 2 号母线转检修。

（4）事故处置。值班员 F（见附录）通知驻站消防队，使用语音呼叫系统，广播着火部位及人员撤离警报，现场人员 B、C 组织站内全部可用力量（生产人员、物业、保安等）进行灭火，安排人员启动就近的消防栓（15～17 号）、取用就近消防小间内灭火器辅助灭火，通知站内检修人员将泡沫液移至现场以作备用；若火势无法控制（电容器被引燃发生爆炸），当班值长应立即安排值班员 F 拨打 0477-119，请求消防部门（已建立联动机制）协助灭火；着火地点为该换流站、着火设备为空芯干式平波电抗器，相邻设备有 1 组空芯干式电抗器和两组充油电容器，请立即派泡沫消防车支援灭火，报警人××，联系方式为手机号，随时配合 119 人员问询，并在 119 到达前安排一人在站门口负责引领配合。消防人员抵达现场后应交代设备带电情况，协助配合进行灭火。

（5）整理相关记录，编制"事故快报"。由站内运维专责根据现场信息编制"事故快报"，2021 年 6 月 23 日 19:41:42 该换流站 3 号电抗器在投入时有弧光，进线断路器 6621 跳闸并锁定；故障设备于 2019 年 1 月 11 日正式投入运行，现场天气情况为晴。故障前为双极四换流器大地回线方式运行，输送功率为 4490MW，750、500、66kV 交流系统运行正常；故障后 3 号电抗器退出运行并转检修，4 号电抗器由热备用转检修，3、4 号电容器由冷备用转检修，66kV 2 号母线转检修，其余正常运行；经站内审核无误后报送运检部。

（6）检修处理工作。站内领导通知相关专业组织抢修，准备备品备件及工器具，对 3 号电抗器起火情况进行详细检查分析：开展故障电抗器更换，更换后对电抗器开展例行及诊断性试验，整理现场相关资料。

案例4

雨 雪 冰 冻 天 气

1. 预想事故情况

2021 年 2 月 18 日 15:30，该换流站雨雪冰冻恶劣天气。

2. 运行方式

2.1　直流系统

（1）双极典型方式一运行，输送功率 4000MW，当前该站为非主控站。

（2）极Ⅰ控制保护 A 套（pole one pole control and protection A，P1PCPA）、极Ⅰ高端阀组控制保护（pole one converter C&P A，CCP11A）、极Ⅰ低端阀组控制保护（pole one converter C&P A，CCP12A）、极Ⅱ控制保护 A 套（pole two pole control and protection A，P2PCPA）、极Ⅱ高端阀组控制保护（pole two converter C&P A，CCP21A）、极Ⅱ低端阀组控制保护（pole two converter C&P A，CCP22A）主用，极Ⅱ为控制极。

（3）安全稳定控制装置正常投入运行。

2.2　交流系统

（1）500kV 交流进线Ⅰ线、Ⅱ线、Ⅲ线、Ⅳ线、Ⅴ线、Ⅵ线未投运（相关线路的短引线保护均正常投入）；500kV 交流进线Ⅶ线、Ⅷ线运行，500kV 1 号母线、2 号母线运行，500kV 交流场所有断路器运行。

（2）第一、二、三、四大组滤波器母线运行，5611、5613、5621、5622、5623、5643 交流滤波器运行。

（3）750kV 1 号母线、2 号母线运行，750kV 交流进线Ⅰ线、750kV 交流进线Ⅱ线、750kV 交流进线Ⅲ线，750kV 所有断路器运行正常，1 号、2 号、3 号主变压器运行正常，66kV 电容器在冷备用状态，66kV 电抗器在热备用状态正常。

（4）110kV 站用变压器、66kV 1 号和 2 号站用变压器运行，10kV 0 号母线、1 号母线、2 号母线运行。

2.3　站用低压直流系统

站公用站用低压直流系统、极Ⅰ高端阀组站用低压直流系统、极Ⅰ低端阀

组站用低压直流系统、极Ⅱ高端阀组站用低压直流系统、极Ⅱ低端阀组站用低压直流系统、500kV 交流场站用低压直流系统、750kV 交流场站用低压直流系统、交流滤波器场站用低压直流系统运行。

2.4 现场天气情况

冰雪交加恶劣天气，环境温度-15℃。

3．事故处理过程

3.1 异常现象

2021 年 2 月 18 日 15:30，该换流站突降冰雪，温度降低。

3.2 设备检查及分析判断

（1）主控室后台检查。

值长安排监盘人员仔细检查监控系统报文、系统有无电压、潮流越限的情况等信息，确认后台监测数据正常；通过工业视频检查现场一次设备、建筑物是否正常完好。

（2）安排人员进行现场设备检查。

雨雪天气来临前，换流站应组织对阀厅屋顶排水管、线路跳线、水冷管道等重要设施设备及场所进行检查，制定并实施防护措施，发现异常及时汇报处理。

雨雪冰冻灾害发生时，通过工业视频加强现场设备的巡检。

雨雪冰冻灾害发生后：

1）应增加现场室外设备巡视频率，重点检查设备是否出现放电闪络等异常情况，若出现该异常情况可视闪络程度申请设备降压运行或停运。

2）是对全站室外设备端子箱、接线盒的密封、防潮情况进行检查，加热器运行情况检查。

3）检查站内工业水池是否有冰冻现象，储存水量是否满足运行要求。当室外平均温度低于 0℃时，应关闭消防栓检修闸阀，将消防栓排空（消防主管压力正常）。

4）在室外平均温度低于 0℃，为防止外冷水冷却塔管道冻结，需将外冷水喷淋泵置"手动"方式停止运行，将冷却塔内外冷水排空。

5）室外温度低于-37℃时，为防止 GIL 母管内 GIS 气体液化，应按照相关要求做好预防设备故障措施。

6）对地面积雪及挂冰进行处理。

3.3　信息报告

（1）雨雪冰冻灾害发生后，换流站值班负责人应向国网蒙东检修公司应急指挥部领导汇报。

（2）换流站值班负责人向公司、政府有关部门汇报的内容包括报告单位、联系人、联系方式、报告时间、雨雪冰冻灾害发生时间、地点和范围、人员伤亡和财产损失及电网停电情况，已采取的措施等。

（3）事件响应阶段，换流站值班负责人应定时向公司报告雨雪冰冻灾害发展、电网设施受损、电网运行、抢险进展、次生灾害、人员伤亡等情况。

案例 5

综合水泵房积水

1．预想事故情况

2021 年 6 月 17 日 15:30，该换流站暴雨积水漫灌综合水泵房，导致综合水泵房积水。

2．运行方式

2.1　直流系统

（1）双极典型方式一运行，输送功率 4000MW，当前该站为非主控站。

（2）极Ⅰ控制保护 A 套（pole one pole control and protection A，P1PCPA）、极Ⅰ高端阀组控制保护（pole one converter C&P A，CCP11A）、极Ⅰ低端阀组控制保护（pole one converter C&P A ，CCP12A）、极Ⅱ控制保护 A 套（pole two pole control and protection A，P2PCPA）、极Ⅱ高端阀组控制保护（pole two converter C&P A，CCP21A）、极Ⅱ低端阀组控制保护（pole two converter C&P A，CCP22A）主用，极Ⅱ为控制极。

（3）安全稳定控制装置正常投入运行。

2.2　交流系统

（1）500kV 交流进线Ⅰ线、Ⅱ线、Ⅲ线、Ⅳ线、Ⅴ线、Ⅵ线未投运（相关线路的短引线保护均正常投入）；500kV 交流进线Ⅶ线、Ⅷ线运行，500kV 1 号母线、2 号母线运行，500kV 交流场所有断路器运行。

（2）第一、二、三、四大组滤波器母线运行，5611、5613、5621、5622、

5623、5643 交流滤波器运行。

（3）750kV 1 号母线、2 号母线运行，750kV 交流进线Ⅰ线、750kV 交流进线Ⅱ线、750kV 交流进线Ⅲ线，750kV 所有断路器运行正常，1、2、3 号主变压器运行正常，66kV 电容器在冷备用状态，66kV 电抗器在热备状态正常。

（4）110kV 站用变压器、66kV 1 号和 2 号站用变压器运行，10kV 0 号母线、1 号母线、2 号母线运行。

2.3　站用低压直流系统

站公用站用低压直流系统、极Ⅰ高端阀组站用低压直流系统、极Ⅰ低端阀组站用低压直流系统、极Ⅱ高端阀组站用低压直流系统、极Ⅱ低端阀组站用低压直流系统、500kV 交流场站用低压直流系统、750kV 交流场站用低压直流系统、交流滤波器场站用低压直流系统运行。

2.4　现场天气情况

大风暴雨，环境温度 10℃。

3．事故处理过程

（1）异常现象。

1）事件记录发排污泵频繁启动或泵房积水坑超高水位报警。

2）重要报文信息：2021 年 6 月 17 日 15:30:27，监盘人员发现 OWS 后台报 "S1ASC B 综合水系统泵房潜水排污泵控制箱泵房积水坑超高水位报警"。

3）综合水系统界面状态：潜水排污泵 1 号、2 号频繁显示启动状态。

4）直流场界面状态：直流场设备运行状态正常；极Ⅰ低端阀组、极Ⅰ高端阀组运行正常，极Ⅱ低端阀组、极Ⅱ高端阀组运行正常。

5）直流顺控界面状态：直流系统双极四换流器大地回线 4000MW 运行，直流功率正常，无损失。

（2）设备检查及分析判断。

1）监控后台检查。值长安排监盘人员检查和记录事故发生时间、监控系统报文、设备状态的变换、功率变化、系统有无电压、潮流越限的情况等信息，确认信息记录是否正确完备。

2）汇报站内领导并安排人员进行综合水泵房一、二次设备检查。值班长向站领导推送相关信息，同时安排人员开展现场一、二次设备状态检查。

a．一次设备检查情况：

值长安排人员 D（见附录）立即通过视频监控系统对综合水泵房现场设备进行视频检查，通过视频方式检查发现综合水泵房存在积水，并且雨水不断漫进综合水泵房。

值长安排巡视人员 B、C 穿雨衣、绝缘靴，带对讲机查看综合水泵房设备情况。

巡视人员赶赴综合水泵房查看积水情况，雨水正在漫入综合水泵房，综合水泵房地面已经存在 10cm 左右积水。

b. 二次设备检查情况：

现场查看综合水泵房潜水排污泵正在运行，现场积水坑控制箱面板积水坑超高水位报警；综合水泵房电源屏负荷开关检查正常，无电源开关跳闸情况，综合水泵房负一层控制屏柜运行正常。

3）第二次汇报现场设备检查相关信息。汇报站内领导具体现场检查情况，现场采取的紧急处理措施。

（3）故障点隔离。

1）立即用防汛沙袋将综合水泵房房门围起来，减少暴雨积水的灌入。

2）疏通雨水井，防止因为雨水井堵塞，影响雨水排出速度。

3）利用综合水泵房放置的防汛应急潜水泵，放置到积水坑内，接上临时电源盘，连接好通往室外雨水井的排水管，开始向室外出负一层积水。

（4）整理相关记录，编制"事故快报"。由站内运维专责根据现场信息编制"事故快报"，2021 年 6 月 17 日 15:30:27 该换流站综合水泵房报超高水位报警，现场检查由于暴雨积水灌入综合水泵房，导致综合水泵房积水；现场天气情况为大风暴雨天气，事故前为双极四换流器大地回线方式运行，输送功率 4000MW，500kV 交流系统运行正常；事故后直流系统双极四换流器大地回线 4000MW 运行，500kV 交流系统运行正常，其余正常运行；现场已应急启动防汛应急预案，正在进行综合水泵房积水外排工作，经站内审核无误后报送运检部。

（5）检修处理工作。站内领导安排相关专业组织抢险，启动防汛应急预案，调用站内防汛物资，封堵雨水灌入口，下潜防汛潜水泵，加快排出综合水泵房内的积水，整理现场相关资料。

综合水泵房积水排出后，检查设备有无进水损坏，对损坏设备进行更换处理；检查站内雨水排水系统是否正常通常，如有需要联系应急抢修单位到站进行处理。

案例6

极Ⅰ高端阀厅空调两套系统均无制冷功能

1. 预想事故情况

2021年4月3日16:13,该换流站OWS系统告警列表上极1高端阀厅空调设备故障。

2. 运行方式

2.1 直流系统

(1)双极典型方式一运行,输送功率为4490MW,当前该站为非主控站。

(2)极Ⅰ控制保护A套(pole one pole control and protection A, P1PCPA)、极Ⅰ高端阀组控制保护(pole one converter C&P A, CCP11A)、极Ⅰ低端阀组控制保护(pole one converter C&P A, CCP12A)、极Ⅱ控制保护A套(pole two pole control and protection A, P2PCPA)、极Ⅱ高端阀组控制保护(pole two converter C&P A, CCP21A)、极Ⅱ低端阀组控制保护(pole two converter C&P A, CCP22A)主用,极Ⅱ为控制极。

(3)安全稳定控制装置正常投入运行。

2.2 交流系统

(1)500kV交流进线Ⅰ线、Ⅱ线、Ⅲ线、Ⅳ线、Ⅴ线、Ⅵ线未投运(相关线路的短引线保护均正常投入);500kV交流进线Ⅶ线、Ⅷ线运行,500kV 1号母线、2号母线运行,500kV交流场所有断路器运行。

(2)第一、二、三、四大组滤波器母线运行,5611、5612、5613、5621、5641、5642、5643交流滤波器运行状态正常,其余交流滤波器热备用状态正常。

(3)750kV 1号母线、2号母线运行,750kV交流进线Ⅰ线、750kV交流进线Ⅱ线、750kV交流进线Ⅲ线,750kV所有断路器运行正常,1、2、3号主变压器运行正常,66kV电容器在冷备用状态,66kV 2、5号电抗器在运行状态正常,1、3、4、6号电抗器在热备用状态正常。

(4)110kV站用变压器、66kV 1号和2号站用变压器运行,10kV 0号母线、1号母线、2号母线运行。

2.3　站用低压直流系统

站公用站用低压直流系统、极Ⅰ高端阀组站用低压直流系统、极Ⅰ低端阀组站用低压直流系统、极Ⅱ高端阀组站用低压直流系统、极Ⅱ低端阀组站用低压直流系统、500kV交流场站用低压直流系统、750kV交流场站用低压直流系统、交流滤波器场站用低压直流系统运行。

2.4　现场天气情况

天气晴，环境温度9℃。

3．事故处理过程

（1）异常现象。

1）情况一：

a．事故警铃响起。

b．重要报文信息：2021年4月3日16:16:42，监盘人员发现OWS后台报"极Ⅰ高端阀厅空调设备B故障"，短时间内报出"极Ⅰ高端阀厅空调设备A故障"。

2）情况二：

a．事故警铃响起。

b．重要报文信息：2021年4月3日16:16:42，监盘人员发现OWS后台报"极Ⅰ高端阀厅空调设备空调A故障"，短时间内报出"极Ⅰ高端阀厅空调B故障"。

（2）设备检查及分析判断。

1）情况一：

a．监控后台检查。值长安排监盘人员检查和记录事故发生时间、监控系统报文、后台查看阀厅空调系统极Ⅰ高端阀厅空调界面空调A、B的状态，确认阀厅空调A、B均显示故障，极Ⅰ高阀厅空调系统两套停运，在告警信息查看故障原因（送风机故障、变频器故障、螺杆机故障或其他故障）。

b．汇报站领导并安排人员进行现场设备检查。值班长向站领导推送相关信息，同时安排人员开展现场设备检查。

c．现场检查情况。安排运维人员现场确认阀厅空调均已停运，检查控制柜及电源柜，如果为空开跳开故障，试合一次，报警如果复归，恢复阀厅空调运行；如果报警未复归，故障暂时无法排除，通知检修人员结合故障原因进一步检查，密切监视内冷水温度及阀厅温度，如果温度持续升高，按照内水冷温度高处理流程进行下一步处理。

d. 将现场检查情况汇报站领导，并推送相关的现场检查信息。

2）情况二：

a. 监控后台检查。值长安排监盘人员检查和记录事故发生时间、监控系统报文、后台查看阀厅空调系统极Ⅰ高端阀厅空调界面空调A、B的状态，确认阀厅空调A、B均显示故障，极Ⅰ高阀厅空调系统两套停运，在告警信息查看故障原因（送风机故障、变频器故障、螺杆机故障或其他故障）。

b. 汇报站领导并安排人员进行现场设备检查。值班长向站领导推送相关信息，同时安排人员开展现场设备检查。

c. 现场检查情况。安排运维人员现场确认阀厅空调均已停运，检查控制柜及电源柜，如果为空开跳开故障，试合一次，报警如果复归，恢复阀厅空调运行；如果报警未复归，故障暂时无法排除，通知检修人员结合故障原因进一步检查，密切监视内冷水温度及阀厅温度，如果温度持续升高，按照内水冷温度高处理流程进行下一步处理。

d. 将现场检查情况汇报站领导，并推送相关的现场检查信息。

（3）故障点隔离。

无。

（4）整理相关记录，编制"事故快报"。

由站内运维专责根据现场信息编制"事故快报"，2021年4月3日16:16:42该换流站极Ⅰ高端阀厅空调设备故障；故障设备于2019年1月11日正式投入运行，现场天气情况为晴，运行方式为双极四换流器大地回线方式运行，输送功率4490MW，直流系统运行正常；经站内审核无误后报送运检部。

（5）检修处理工作。站内领导通知换流站相关专业组织抢修，准备备品备件及工器具，对故障情况进行详细检查；整理现场相关资料。

附录 ±800kV 换流站当班值班人员应急处置卡

±800kV 换流站当班值班人员应急处置卡见附表 1~附表 5。

附表 1 当班值长应急处置卡

职务	序号	具 体 工 作
当班值长	1	事故发生后总指挥协调，第一时间组织安排进行设备现场的检查，启动相关预案并明确人员分工，将现场情况及时汇报站部领导及相关调度
	2	事故的应急分析和控制，隔离故障防止事故的扩大
	3	组织值内人员按照预案开展应急处置，重点环节做好提醒和把关
	4	汇报调度、站领导，将故障设备隔离、恢复直流系统运行，做好现场安全措施，等待检修队伍处理

附表 2 值班员 A 应急处置卡

职务	序号	具 体 工 作
值班员 A	1	做好监盘工作
	2	梳理 OWS 后台报文事件，协助分析事故的原因，查看相关设备的运行数据，保证系统的正常运行
	3	进行故障设备隔离检修的倒闸操作，停运阀厅空调

附表 3 值班员 B、C 应急处置卡

职务	序号	具 体 工 作
值班员 B、C	1	迅速赶赴现场确认现场设备的运行情况，查看设备的现场数据及相关保护柜上的故障报文，打印故障记录
	2	将现场的检查情况及时汇报主控室，协助分析现场的设备是否具备继续运行的能力，布置检修作业现场安全措施
	3	设备状态的现场检查和必要时进行现场操作
	4	应急抢修现场外来的人员指挥安排，指明现场设备的运行状况和安全注意事项

附表 4　值班员 D 应急处置卡

职务	序号	具 体 工 作
值班员 D	1	协助当班值长进行相关信息的汇报工作和编制事故快报
	2	有倒闸操作时监护值班员 A 进行倒闸操作
	3	协助值长开展设备故障分析及故障点的隔离和控制
	4	提醒现场人员按预案开展应急处置

附表 5　值班员 E、F 应急处置卡

职务	序号	具 体 工 作
值班员 E、F	1	现场与值班员 B、C 共同开展设备的检查及相关低压交直流系统的停电工作
	2	后台倒闸操作时的现场状态的检查
	3	一、二次设备动作情况检查及汇报
	4	现场的其他应急联系及检查工作